Astrid Rieger

BodenLeben

Astrid Rieger

BodenLeben

Eine Liebeserklärung an alles Lebendige

Danke

Danke an alle, die diese Arbeit begleitet und ermöglicht haben. Allen voran danke ich meiner kleinen Familie, für ihre Unterstützung und Geduld. Gregor, der Pionierpflanze, dafür, dass er mir den Rücken freihält, indem er häufig die Sorgearbeit in der Familie übernimmt. Meiner kleinen Tochter, für ihr Verständnis und dafür, mir immer wieder gesagt zu haben: »Du schaffst das schon.« Danke an Dr. Andrea Vetter, Dr. Andreas Unteidig und Dr. Saskia Herbert. Unserer Nachbarin Daniela Müller und unserem Nachbarn Detlef Lange danke ich für freundschaftlichen Austausch, Inspiration und die Betreuung unseres Kindes, wenn es mal eng wurde.

Ganz besonders danke ich meiner langjährigen Freundin und dramaturgischen Beraterin Michaela Tschubenko, die so beharrlich an mich glaubt. Danke an Pauline Lürig für inhaltlichen Austausch und ihren geduldigen Beistand. Für inhaltliche Beratung, Zuspruch sowie Korrekturen danke ich: Astrid Korntheuer, Lieselotte Vrolant, Jana Schneider, Claire Walka, Lori Fritz, Martina Kolarek, Anna Rieger, Andrea Wagner, Franziska Riedmiller, Birgit Richter und Eva Eiling.

Inhalt

Geflecht des Lebens

Boden – eine Annäherung

Gregor und ich waren schon seit einigen Jahren ein Paar, als wir den Wunsch hatten, zusammenzuziehen. Wir wollten beide raus aus der Stadt, ins Grüne. Wegen meiner Kindheit auf dem Land empfand ich das als mein natürliches Habitat. Gregor ging es ähnlich. Nach mehreren Besichtigungen fanden wir ein Häuschen am östlichen Berliner Stadtrand. Der Makler sagte, es sei ein Abrissobjekt. Oder was für Mutige. Während die anderen Kaufinteressenten abwinkten und sich verabschiedeten, sah Gregor mich mit leuchtenden Augen an. Er fühlte sich herausgefordert. Also unterschrieben wir den Kaufvertrag und kündigten unsere Mietwohnungen.

Das Haus hatte marode Dächer, durch die der schmelzende Schnee hineintropfte. Der Flur war schwarz vor Schimmel. Die Wasserleitung war nicht mit dem Haus verbunden und niemand wusste, wo der Anschluss lag.

Wir krempelten die Ärmel hoch und legten los. Gruben einen metertiefen Graben um das Haus, versenkten neue Rohre und Leitungen. Aus der Perspektive der Maulwürfe betrachteten wir dabei unser Grundstück. Es erschien uns riesig. Und komplett verwildert. Überall sprossen junge Bäumchen: Ahorn, Eichen, kleine Tannen. Koniferen hatten sich ausgebreitet. Wir stolperten über Baumstümpfe, blieben an Dornen hängen oder verfingen uns in wilden Gräsern. Einer unserer Nachbarn lehnte sich über den Zaun und sagte: »Ihr müsst dringend dies-und-das tun, sonst werdet ihr nicht Herr.«

Auch wenn ich vergessen habe, was er uns damals empfehlen wollte, blieb dieser Ausdruck in meinem Kopf hängen: »Herr werden.«

Herr zu werden, hat doch etwas mit Herrschen zu tun. Wir würden also unseren Garten mit den Lebewesen darin beherrschen, alle wären unsere Untertanen und müssten sich uns unterordnen. Instinktiv spürten wir, dass das nicht unser Ziel war. Vielmehr wollten wir mit der Mitwelt eine Beziehung eingehen, die von gegenseitigem Respekt geprägt ist. Und die, falls möglich, auf Augenhöhe stattfinden sollte.

Was das bedeutet, spürte ich spätestens im Nahkampf mit der Brombeerhecke. Ihre Wurzeln verzweigten sich durch den gesamten Garten. Ich zog und zerrte, riss meterlange Wurzelstränge heraus, die zu Knoten führten, an denen sich die Wurzeln verzweigten. Vervielfachten. Nach links, nach rechts, nach oben, nach unten, kreuz und quer, in alle Richtungen. Ich dachte an den Rhizombegriff der französischen Denker Deleuze und Guattari. Das Rhizom, auch Wurzelstock, eine botanische Metapher, derer sich die beiden bedienen, will mit Dualismen – wie Subjekt und Objekt, Natur und Kultur – brechen. Rhizome sind Vielheiten. Es gibt keine Hierarchien, sondern stattdessen eine netzartige Struktur, bei der alle Elemente gleichrangig sind und miteinander in Verbindung stehen.

Auch der Boden ist eine Vielheit. Nachdem wir ihn durch Roden und Wurzelziehen umgestülpt hatten, legten wir Beete an und streuten Samen darauf. Wir pflanzten Beerensträucher und Obstbäume. Schließlich wollten wir einen großen Teil unserer Nahrung selbst erzeugen. Und tatsächlich gelang uns das auch. Im ersten Jahr hatten wir eine phänomenale Ernte. Wir aßen uns satt, kochten ein, verschenkten Kisten voller Obst und Gemüse. Im zweiten und dritten Jahr aber war der Boden bereits ausgelaugt und brachte keine signifikanten Erträge mehr hervor. Was hatten wir falsch gemacht?

Um dieser Frage auf den Grund zu gehen, erklärten wir unseren Garten zum Reallabor. Wir begannen, mit verschiedenen, ausschließlich biologischen Methoden zu experimentieren: mit Bodenpilzen, Mikroorganismen, Gründüngungspflanzen und Kompostgemeinschaften. Mit dem Pflanzen von Gehölzen. Mit Fermentationsprozessen wie dem Ansetzen von Terra Preta. Dazu fingen wir an, uns in der Praktik des Unterlassens zu üben. Eine Toleranz gegenüber Wildpflanzen und Herbstlaub zu entwickeln sowie ein von Empathie geprägtes Verhältnis zu Insekten, Würmern und anderen Mitgeschöpfen zu pflegen.

Unser Ziel ist es, für das Bodenleben ein Milieu zu schaffen, in dem es gedeihen kann. Nicht unbedingt, um besseres Gemüse zu ernten, sondern um der Lebendigkeit mehr Raum zu geben. Zeit spielt eine große Rolle. Und manchmal springt ein Funke über. Wie bei der Liebe. Ich schreibe darüber, denke nach. Über meine und unsere Beziehung zum Boden. Und zu allem, was lebt.

Humus

In einer Handvoll fruchtbarer Erde stecken mehr Lebewesen, als es Menschen auf der Welt gibt. Das ist kaum vorstellbar, denn derzeit haben wir eine Weltbevölkerung von mehr als 8 Milliarden. Und in jeder Sekunde kommen durchschnittlich 2,6 neue Menschen dazu. Die Bodenlebewesen müssen also sehr, sehr klein sein. Und sehr, sehr, sehr, sehr viele.

Durch ein komplexes systemisches Zusammenspiel dieser Lebewesen entsteht Humus, der organische und fruchtbare Anteil des Bodens. Humus hat die Fähigkeit, Wasser und Nährstoffe zu speichern und für die Pflanzen bereitzustellen. Humus ist sowohl die Lebensgrundlage als auch der Lebensraum einer Vielzahl von Lebewesen: von Pflanzen, Pilzen, Algen, Bakterien, Insekten, Vögeln, anderen Tieren und: Menschen.

Die Humusschicht des Bodens ist eine nur wenige Zentimeter dicke Membran. Und diese ist zunehmend gefährdet. Durch Versiegelung von Flächen durch den Bau von Städten und Straßen. Durch die konventionelle Landwirtschaft und ihren Einsatz von chemischem Dünger, von Pflanzenschutz- und Insektenvernichtungsmitteln. Durch tiefes Umgraben und unbedeckte Ackerflächen, durch schwere Landmaschinen, die den Boden verdichten. Die in der konventionellen Landwirtschaft verbreitete Art, Boden zu bearbeiten, verstärkt den Stickstoffüberschuss, führt zu Bodendegradation – Zerstörung und Verlust – und befeuert den massenhaften Verlust der Biodiversität.

Seit der Mensch den Boden bewirtschaftet, ist der Humus weltweit um bis zu 75 Prozent zurückgegangen. Die meisten Ackerböden in

Deutschland haben laut Bundesumweltamt einen Humusgehalt von ein bis vier Prozent. Doch damit nicht genug: Durch falsche Bewirtschaftung entweicht der im Boden gebundene Kohlenstoff in Form von Kohlenstoffdioxid in die Atmosphäre. Das zunehmende Auftauen des Permafrostbodens führt zu steigenden Methan-Emissionen. Und durch den Einsatz von Düngemitteln in der Landwirtschaft wird Lachgas frei, das klimaschädlichste Gas, mit einem fast 300-mal stärkeren Treibhauseffekt als der von Kohlenstoffdioxid.

Im Boden steckt jedoch das enorme Potential, nicht Quelle, sondern – ganz im Gegenteil – Senke für Treibhausgase zu sein. Große Mengen an Methan und Kohlenstoff könnten langfristig im Boden gespeichert werden. Mit einem Anteil von 58 Prozent Kohlenstoff ist Humus in hohem Maße klimarelevant. Boden könnte also Teil der Lösung sein statt Teil des Problems, wenn es darum geht, der Klimakatastrophe zu begegnen.

Das Wort »human« stammt von lateinisch »humus« (»Erde«, »Erdboden«) ab. Das zeigt, wie eng die fruchtbare Erde mit dem Menschsein verknüpft ist. In seinem Buch »Das terrestrische Manifest« hält Bruno Latour fest: »(...) vielleicht [ist es] an der Zeit, nicht mehr von Menschen, Humanwesen, zu sprechen, sondern von Terrestrischen, von Erdverbundenen (earthbound), um damit den Humus, letztlich den Kompost herauszustreichen, der in der Etymologie von ›human‹ steckt. ›(...) Wir sind Erdverbundene inmitten von Erdverbundenen‹ ist nicht dieselbe politische Aussage wie ›Wir sind Menschen in der Natur‹ «.

Das Nahrungsnetz des Bodens

Das Nahrungsnetz des Bodens – auch bekannt als »Soil Food Web«:

Alles beginnt mit der Sonne. Ihre Energie wird durch die Pflanzen in Kohlenhydrate umgewandelt. Diesen Prozess nennt man Fotosynthese. Mithilfe von Wasser und Bodennährstoffen spalten Pflanzen zudem das Kohlenstoffdioxid (CO_2) aus der Luft, entlassen den Sauerstoff (O_2) und reihen die Kohlenstoff-Teilchen (C) als Ketten aneinander. Pflanzen erzeugen Exsudate, durch die sie mit ihrer Umwelt in Verbindung treten. Exsudate sind das, was die Pflanzen zu geben haben, um im Austausch dafür etwas anderes zu erhalten. Eine Währung oder besser gesagt: eine Tauschware.

Ein solches Exsudat ist beispielsweise der süße Nektar, den Pflanzen in ihren Blüten erzeugen. Damit locken sie Bienen, Schmetterlinge und andere Insekten an, die ihnen bei der Fortpflanzung helfen.

Doch auch durch ihre Wurzeln geben Pflanzen Exsudate ab. Zunächst werden dadurch Bakterien und Bodenpilze angesprochen, die im Bereich der Wurzeln, der Rhizosphäre, leben. Sowohl mit den Rhizobakterien als auch mit den Bodenpilzen gehen Pflanzen Beziehungen ein, die für beide Seiten Vorteile haben: Die Bakterien bekommen von den Pflanzen Nahrung und einen optimalen Lebensraum. Im Gegenzug machen sie durch ihre Stoffwechselprodukte den Boden, der die Pflanzen umgibt, nährstoffreicher. Das Pilzgefecht, das Myzel, wiederum strahlt weiter ins

Erdreich, als die Pflanzenwurzeln es können, sodass eine viel größere Oberfläche für die Nährstoffaufnahme der Pflanzen zur Verfügung steht. Dafür werden die Pilze von den Pflanzen mit Zuckern versorgt. Diese Symbiose aus Pflanzen und Pilzen nennt man Mykorrhiza.

Im Nahrungsnetz des Bodens werden die Bakterien und Pilze von anderen Organismen wie Nematoden (mikroskopisch kleinen, durchsichtigen Würmchen) und Protozoen (Einzellern) gefressen. Die Nematoden und Einzeller sind wiederum die Nahrung von Bodenarthropoden. Arthropoden sind Gliederfüßer, beispielsweise Spinnen, Tausendfüßer, Ameisen oder andere Insekten. Regenwürmer und Insekten werden wiederum von Vögeln, Schlangen und kleinen Säugetieren verzehrt. Was diese Lebewesen ausscheiden und was nach ihrem Tod übrig bleibt, reichert den Boden mit Nährstoffen an und dient letztlich wieder den Pflanzen als Nahrung.

Ein ganzes Netz von Lebewesen ist an der Entstehung von Humus beteiligt und bildet ein System, in dem jedes einzelne Element eine unverzichtbare Rolle spielt. Das Nahrungsnetz des Bodens ist noch nicht bis ins Detail erforscht, denn gerade im mikroskopischen Bereich herrscht eine solche Vielfalt an Lebewesen, dass wir Menschen bisher nur einen winzigen Bruchteil davon kennen.

Sind Menschen denn auch Teil dieses Beziehungsgeflechts aus Geben und Nehmen? In unserem Erdteil sind es sicherlich manche mehr und manche weniger. Doch jede und jeder einzelne von uns könnte (wieder mehr) in eine Beziehung zum Boden treten, sich als erdverbunden begreifen und durch eine Haltung der Sorge und Fürsorge beginnen, zum Erhalt der Bodenfruchtbarkeit beizutragen. Denn der Mensch braucht den Boden. Mehr als der Boden den Menschen braucht.

Freiräume

Für viele Menschen, die in der Stadt leben, ist Boden irgendwie abstrakt. Landwirtschaft und Lebensmittelproduktion finden irgendwo weit draußen statt. Man geht über Straßen und auf Gehwegen, der Boden darunter bleibt verborgen. Parks und Grünstreifen wiederum, in denen man Zugang zum Boden hätte, wirken nicht immer einladend. Einen Bereich allerdings gibt es, wo man mit Erde in Verbindung kommt – in Gärten. Egal, ob in der Stadt, am Stadtrand oder auf dem Land: Gärten haben ein großes Potential beim Schutz von Klima und Biodiversität. Sie liegen jenseits der versiegelten, urbanen, zugleich aber auch jenseits der ländlichen, agrarwirtschaftlich genutzten Flächen. Sie sind Lebensräume für Flora und Fauna und tragen zum Erhalt der Artenvielfalt bei. Die Pflanzen, die dort wachsen, filtern Feinstaub aus der Luft und bilden Sauerstoff. Sie sorgen für Abkühlung an heißen Tagen. Der Aufbau von Humus kann ungestört betrieben werden. Regenwasser kann versickern. Nicht zuletzt zählen Gärten zu den Orten, an denen sich Menschen und andere Mitgeschöpfe einfach wohlfühlen können.

Natürlich gibt es (lokal-)politische Auflagen: Bebauungsgrenzen, damit genügend Regenwasser versickern kann. Verbote, bestimmte Bäume zu fällen, Brunnen zu bohren, Abfälle zu verbrennen. In Schrebergärten kann zum Beispiel vorgeschrieben sein, welcher Anteil der Fläche bepflanzt werden muss und welcher zum Spielen oder zum Entspannen genutzt werden kann. Davon abgesehen, herrscht in Gärten aber Freiheit. Die Freiheit, zu bestimmen, wer den Garten betreten darf und wer nicht. Die Freiheit, zu entscheiden, was darin passieren soll. Was gedeihen kann oder was abgeschnitten werden soll. Wie der Boden behandelt wird. Kurz: Wer einen Garten hat, hat den Raum, zu gestalten. Ein Garten ist ein Freiraum (Andrea Vetter, Matthias Schmelzer).

Freiheit ist allerdings ein allzu dehnbarer Begriff und kann für alle möglichen Ideologien, egoistische Interessen oder als Legitimation von unmoralischem Verhalten missbraucht werden.

In ihrem Buch »Unruhig bleiben« schlägt Donna Haraway vor, »response-ability« zu entwickeln, die Fähigkeit, Antworten zu finden und zugleich: Verantwortung zu übernehmen. Dieser Aufforderung schließe ich mich an.

MenschNatur
NaturMensch

Kultur versus Natur

Heute habe ich gemäht. Rasen gemäht hätte ich fast geschrieben. Aber wir haben ja gar keinen Rasen. Mähen ist wie »Platz da, hier komm ich!« schreien. Heuschrecken springen zur Seite, Käfer suchen das Weite, ein großes Rette-sich-wer-kann entsteht. Jetzt liegt das geschnittene Gras in der Sonne und trocknet zu Heu. Mit dem Heu werde ich mulchen. Mulchen bedeutet, offene Erde zu bedecken, damit sie nicht austrocknet. Damit sie nicht ihre Speicherkapazität für Kohlenstoff verliert und CO_2 freigibt. Mulchen ist Bio-Mimikry, das Imitieren von natürlichen Vorgängen. Wenn Bäume im Wald ihre Blätter fallen lassen, dann kommt niemand mit Harke oder Laubbläser und macht alles sauber. Die Blätter bleiben liegen und verhindern, dass zu viele konkurrierende Pflanzen um die Bäume herum wachsen. Sie halten den Boden feucht, werden im Laufe der Zeit zersetzt und bilden letztlich den schönen, humusreichen Waldboden.

Bevor ich gemäht habe, habe ich gejätet. Denn unser Beet war so voll von allem möglichen illustren Wildwuchs, dass ich meine Kulturpflanzen kaum mehr erkennen konnte. Ich wollte Platz schaffen, damit sich unsere Erdbeeren ausbreiten können. Damit wir neue Radieschen säen können. Und während ich büschelweise Beikräuter herausgerissen habe, legte ich die Erde frei. Da ist mir aufgefallen, dass ich kein Mulchmaterial mehr habe. Ohne Mulch versuchen Giersch, Ackerwinde und Quecke in Windeseile, sich das Beet zurückzuerobern. Es ist wie ein Tauziehen: »Natur« gegen »Kultur«. Auch wenn das, dem französischen Soziologen und Philosophen Bruno Latour zufolge, Kategorien sind, die die Moderne hervorgebracht hat, und es sich bei den Begriffen »Natur« und »Kultur« um ein und dasselbe Konzept handelt (in: »Kampf um Gaia«): »(...) ein Konzept, das in zwei Teile zerfällt, die sozusagen ein starkes Gummiband miteinander verbindet. (...) Sie sind gemeinsam entstanden unzertrennlich wie siamesische Zwillinge, die einander streicheln und Faustschläge versetzen und doch miteinander verwachsen sind.«

Bei der Grenzziehung zwischen »Natur« und »Kultur« werden der Mensch und seine Gestaltungsleistung implizit als vorrangig und höherwertig betrachtet, während die »Natur« zur Ressource deklariert wird, derer sich bedient werden kann.

Beim Jäten habe ich bemerkt, dass sich der Karton, den ich ausgelegt, mit Komposterde bedeckt und bepflanzt hatte, vollständig zersetzt hat. Restlos, als wäre er nie da gewesen. Der Garten ist also bestens dafür geeignet, riesige Pappschachteln zu vertilgen. Was wir Menschen als Kulturwesen der sogenannten »Natur« entnommen haben (Bäume fällen für die Pappe), können wir auf diese Weise dem Boden zurückgeben. Pappschachteln, nicht bedruckt, ohne Kleber und Klammern, sind eine gute Basis, um neue Beete anzulegen.

Perpetuierendes Chaos

Wie machen unsere Nachbarn das nur? Ihre Gärten sind gepflegt, voll wunderschöner Blumen, Büsche und Bäume. Ich schiele über den Zaun und beobachte: beim Ehepaar rechts von uns ist seit einiger Zeit ein Rasenmähroboter im Einsatz. Und wo der nicht hinkommt, wird mit einer Engelsgeduld gejätet, Stunde um Stunde. Der Nachbar links von uns hat seinen Garten durch zahlreiche Gebäude für Werkstätten und Lagerflächen auf ein handhabbares Maß verkleinert. Auch benutzt er oft riesige elektrische Geräte wie Heckentrimmer oder Vertikutierer, um alles in Ordnung zu halten. Unsere fast hundertjährige Nachbarin, die schräg gegenüber wohnt und die kaum noch laufen kann, schafft es dagegen mit bloßen Händen, ihren Vorgarten so perfekt aussehen zu lassen, als gäbe es keinen Verfall. Kein Blättlein traut sich da, zu vertrocknen, kein Zweiglein, schief zu wachsen. Sehr beeindruckend!

Unser Garten hingegen ist chaotisch. An allen Ecken sprießt und wuchert irgendwelcher Wildwuchs und verdrängt die Pflanzen, die wir kultivieren wollen. Im Gegensatz zu unseren Nachbarn gibt es bei uns keinen weichen Rasen – stattdessen besteht Verletzungsgefahr: auf eine Nussschale oder einen spitzen Stein zu treten, von einer Brennnessel oder Hornisse gestochen zu werden, sich in wilden Gräsern zu verfangen oder von Wurzeln, die aus dem Boden ragen, ein Bein gestellt zu bekommen. Das Gute ist: Unsere Wildkräuter sind essbar. Giersch, Sauerampfer, Klee, Löwenzahn und Gänseblümchen landen bei uns im Salat. Aus unseren Brennnesseln mache ich Jauche zum Düngen, aus Schachtelhalm einen Sud gegen Mehltau. Ich möchte den anderen Lebewesen das Recht auf Lebensraum in unserem Garten zugestehen. Schließlich fühle ich mich geehrt, wenn sie sich hier versammeln. Bei uns findet die Party statt. Bleibt nur die Frage, ob wir als Gastgeberin und Gastgeber noch mitfeiern dürfen.

Auch in unser Haus ist das Chaos eingezogen. Unser Kind schleppt ununterbrochen Steine, Hölzchen, Schneckenhäuser, Federn und Blumen an, die dann überall herumliegen. Spinnen, Motten, Ameisen und Fliegen besuchen uns regelmäßig. Einmal hatten wir sogar einen Igel in unserem Schlafzimmer. Ein Waschbär lebt auf unserem Dachboden, knackt uns die Nüsse weg und kann über Nacht die Früchte eines ganzen Baumes ernten. Und es ist nicht so, dass morgens dann ein Korb voll frischer Pflaumen vor unserer Haustür steht.

Nachdem wir drinnen aufgeräumt und geputzt haben, ist im Garten wieder alles überwuchert. Wenn wir dann draußen »Ordnung« geschaffen haben, hat sich das Chaos drinnen wieder breitgemacht. Wir könnten also permanent dagegen ankämpfen.

Mein Verdacht ist: Die sogenannte »Natur« scheint ihre eigene Ordnung zu haben, die nicht unbedingt deckungsgleich ist mit der, die wir Menschen hier im europäischen Kulturkreis als gut und richtig empfinden. Oder ist die Kultur etwa die Natur des Menschen? Natur ist, wie ich finde, ein viel zu dehnbarer Begriff. Außerdem beginne ich, mich in Dualismen zu verlieren. Menschen und Natur sind nichts Gegensätzliches. Im Gegenteil. Wir Menschen sind einfach ein Teil der Natur und sollten uns nicht länger als getrennt von ihr begreifen.

Her mit der Biomasse

Neulich stand ein großer Container auf unserer Straße. Einer, mit dem Bauschutt oder kontaminiertes Holz oder Dachpappe entsorgt wird. Eine befreundete Nachbarin und ich warfen einen neugierigen Blick hinein und entdeckten: Gartenabfälle. Moos vom Vertikutieren des Rasens und Strauchschnitt. Es war Frühling und wir hungerten nach Mulchmaterial für unsere frisch angelegten Beete. Der Container stand vor dem Haus einer Familie, mit der wir bisher nie gesprochen hatten. Was für sie hier Abfall war, erschien uns brauchbar, sogar wertvoll. Wir klingelten und fragten, ob wir das Moos haben könnten. Mit einer kurzen Handbewegung gab uns der Nachbar zu verstehen, dass wir uns bedienen sollten. Mit Schubkarre und Heugabel ausgerüstet, eilten unsere weiteren Familienmitglieder zu Hilfe. Gemeinsam packten wir an. Als wir das Moos fast vollständig herausgegabelt hatten, entdeckten wir darunter: Erde. Schöne, schwarze, fruchtbare Erde.

Warum wird von Leuten, die einen großen Garten haben, Erde in einen Container geworfen? Und warum wird so viel Gartenabfall nicht einfach selbst kompostiert? Warum, warum, warum? Eine mögliche Erklärung reimte ich mir aus der Aussage eines anderen Nachbarn zusammen: Kompost würde stinken und Ratten anziehen. Das hätte er alles schon erlebt. Er und seine Frau hätten eine Biotonne. Eine saubere Sache.

Mir liegt nichts ferner, als Leuten vorzuschreiben, was sie tun oder lassen sollen. Ich habe keine missionarische Ader und möchte mich nicht als Besserwisserin aufspielen. Doch es quält mich, mir das anzuschauen.

Aus dem Inhalt der Biotonnen wird in Berlin Biogas gewonnen. Biogas entwickelt sich in einem Gärungsprozess, bei dem ein möglichst hoher Anteil an Methan entstehen soll. Methan brennt nämlich so gut. Zugleich ist es aber ein sehr aggressives Treibhausgas, viel schlimmer noch als CO_2. Und es kann sowohl bei der Erzeugung als auch bei der Verbrennung von Biogas entweichen. Das nennt man dann Methanschlupf. Aus diesem Grund ist die Klimabilanz von Biogas leider auch nicht besser als die von Diesel. Während die Abfallprodukte, die Gär-Reste, als Dünger auf die Felder kommen, wird das Biogas aus Berliner Biotonnen als Treibstoff für die Müllabfuhrflotte genutzt. Wenn das mal keine perfekte Kreislaufwirtschaft ist ... Doch würden mehr Menschen ihre Küchenreste und Gartenabfälle selbst kompostieren, bräuchten wir weniger Müllabfuhr. Und sehr viel weniger Transporte zum Besorgen und Entsorgen von organischem Material wie Blumenerde aus dem Gartenmarkt zum Beispiel. Und wir würden eine Riesen-Menge Geld sparen.

Ich träume von einem riesigen Gemeinschaftskompost, einem, den die gesamte Straße nutzen kann. Ich träume von einem Brunnen, aus dem alle schöpfen können. Und von autarker Stromerzeugung durch Sonne und Wind. Ich träume davon, dass die Grünstreifen bepflanzt werden, mit Obstbäumen und Nussbäumen. Dass überall Himbeeren, Blaubeeren und Erdbeeren wachsen und alle davon pflücken können. Das alles wäre machbar. Warum fangen wir also nicht damit an?

Do it without yourself

In einem Interview auf der Biennale Architettura 2018 sprach der Publizist und Professor für Technoscience Dimitri Papadopoulos über seine Idee des DIWY. Aus dem gängigen Begriff »DIY« (Do it yourself) für »Mach es selbst« hatte er in einem Gedankenexperiment »DIWY« gemacht: »Do it without yourself.« Mach es ohne dich selbst.

Wie bitte? Wie soll das gehen? Heißt es, sich zurückzuhalten? Zu unterlassen? Oder etwas zu tun im Sinne anderer, für andere, statt für sich selbst? Für Mitmenschen oder mehr-als-menschliche Mitgeschöpfe? Sinnvoll wäre es auf jeden Fall, etwas für die Unsichtbaren zu tun. Deren Wert und Bedeutung unterschätzen wir nämlich, bilden sie doch durch ihre Stoffwechselprozesse die Umwelt, in der wir leben können. Nicht nur unser Leben als Menschen, sondern das aller Lebensformen ist von ihnen abhängig – von Sauerstoff produzierenden, Kohlenstoff speichernden Pflanzen und Bakterien. Von Mikroorganismen, Pilzen, Regenwürmern und all den anderen, die Humus bilden. Bakterien sind es auch, die unsere Körper besiedeln, unsere Nahrung verstoffwechseln und unsere Gesundheit sicherstellen. Der Mikrobiologin Margaret McFall-Ngai zufolge bestehen menschliche Körper aus etwa ebenso vielen Bakterien wie aus menschlichen Zellen. »Indeed, we are more microbe than human«, schreibt sie in ihrem Beitrag zu dem wundervollen Buch »Arts of Living on a Damaged Planet: Stories from the Anthropocene«. Wir sind also nicht nur wir selbst. Vielleicht sollten wir gar nicht mehr von »ich« sprechen, sondern von »wir«. Wir existieren. Zusammen oder gar nicht.

Mein dringender Wunsch ist es, dass wir Menschen etwas mehr Bescheidenheit an den Tag legen. Dass wir uns nicht länger als Krone der Schöpfung betrachten, sondern als Teil einer größeren Einheit, eines Beziehungsgeflechts, das von Interdependenz, das heißt gegenseitiger Abhängigkeit, geprägt ist. Dieser Wunsch beinhaltet, auch alle anderen Lebewesen als Wesen anzusehen, die Rechte haben, die Bedürfnisse haben, die Schutz brauchen. Mit ihnen eine Beziehung einzugehen, die von Respekt und Fürsorge geprägt ist, halte ich für überlebenswichtig.

Wer ist »wir«?

Wen meine ich mit »wir« ? Na, zunächst uns Holobionten, genauer gesagt, uns Menschen, die mit Mikroorganismen eng verflochten zusammenleben. Und natürlich meine ich auch »wir Menschen« im Sinne von »wir, die Menschheit«. Doch dieses »Wir« ist in vielerlei Hinsicht problematisch.

Denn ich, die ich in einem der sichersten Länder der Welt lebe und so viele Privilegien genieße, tue damit wahrscheinlich vielen Menschen unrecht. Der »globale Norden« ist Hauptverursacher des Klimawandels. Und von Umweltzerstörung mannigfaltiger Art. Durch Treibhausgasemissionen, durch die erbarmungslose Förderung von Bodenschätzen, durch giftige Abwässer, externalisierte Produktionsstätten, Individualverkehr, Fernreisen, Heizen, exzessiven Konsum. Und ganz viel Luxusgehabe, von dem man in ärmeren Ländern nicht einmal zu träumen wagt. Die Auswirkungen dieser imperialen Lebensweise (Ulrich Brand, Markus Wissen) bekommen allerdings eher die Menschen und Gegenden zu spüren, die als MAPA bezeichnet werden: »most affected people and areas«. An vielen Orten bleiben Ernten durch Dürren oder unfruchtbar gewordene Böden aus. Sind Naturkatastrophen und Kriege an der Tagesordnung. Oft gibt es keine Sozialsysteme, keinen Schutz. Dass sich Menschen auf die Flucht begeben und Länder ansteuern, von denen sie sich mehr Sicherheit und Lebensqualität versprechen, ist logisch. Bei vielen geht es einfach darum, zu überleben.

Es gibt den Begriff der »Klimagerechtigkeit«, weil es so ungerecht zugeht auf dieser Welt. Was gibt mir also das Recht, von einem »Wir« zu sprechen? Viele Länder des globalen Südens sind verschuldet und bitterarm, obwohl sie reich an Bodenschätzen und an Ressourcen sind. Koloniale Strukturen werden auch in der Gegenwart weiter fortgeschrieben.

Fühlen sich Menschen, deren Vorfahren versklavt wurden oder in Genoziden umgekommen sind, Menschen aus indigenen Völkern, die entrechtet wurden, Menschen, die moderne Sklaverei erfahren, Menschen, die strukturell, institutionell oder individuell diskriminiert und ausgegrenzt werden, überhaupt mit diesem großen »Wir« gemeint?

Das Problem ist, dass die Krisen und Katastrophen unserer Zeit global sind. Klimaschutz etwa berührt nicht nur ökologische Bereiche, sondern auch soziale. Der nötige Wandel zum Schutz der Ökosysteme vollzieht sich nicht nur im Naturschutz, in der (Agrar-)Wirtschaft, in der Politik, sondern auch in der Gesellschaft. Im Kopf eines jeden einzelnen Menschen. Er spiegelt sich in seinem Konsumverhalten und Energieverbrauch, seinen Beziehungen. Durch Kriege, Krisen und Katastrophen haben viele Menschen andere Sorgen als den Schutz der Biodiversität, der Böden. Sie stecken in familiären, sozialen oder existentiellen Zwangslagen.

OUTLANDER

Sie tragen sichtbare und unsichtbare Wunden. Sich über Bodenfruchtbarkeit, Biodiversität und Klimaschutz Gedanken zu machen, kann unter Umständen wie ein Luxus wirken, den sich nur privilegierte Menschen leisten können. Aber es betrifft alle Lebewesen, wenn auch nicht alle gleich und nicht alle gleichzeitig. Alle sind betroffen. Dieses »Wir« ist eine Einladung, die Herausforderungen unserer Zeit gemeinsam anzugehen. In Sorge und Fürsorge. In Verbundenheit. Mit Wertschätzung und Mitgefühl. Artübergreifend in Beziehung zu treten, könnte entscheidend dazu beitragen, Leben zu erhalten.

Is there life on Mars?

Ende der 1960er-Jahre schien der Weltraum zum Greifen nah. Während des Kalten Krieges hatten sich die Großmächte USA und UdSSR einen Wettkampf darum geliefert, wer zuerst ins Weltall vorstoßen und den Mond betreten würde. Die Sowjetunion schickte die Hündin Laika auf einen Testflug ins All. Sie kam nie wieder. Der erste Mensch, der den Mond betrat, war der amerikanische Astronaut Neil Armstrong. Doch die tatsächliche Entdeckung, die er und sein Team machten, war nicht der Mond. Sondern: die Erde. Wunderschön, zerbrechlich und einzigartig wirkte sie plötzlich, mit ihrer zarten, durchsichtigen Hülle, der Atmosphäre. Die ikonische Fotografie der »Blue Marble« ging um die Welt. Es war die Geburtsstunde des Umweltschutzes.

Der Forscher und Entwickler James Lovelock wurde von der NASA beauftragt, herauszufinden, ob Leben auch auf dem Mars möglich sei. Von einem gedachten Standpunkt auf diesem roten Planeten aus – denn den hat bis heute noch kein Mensch betreten – besah er die Erde und staunte über den konstanten Anteil des Sauerstoffs von etwa 20 Prozent in ihrer Atmosphäre. Die von ihm entwickelte Gaia-Hypothese besagt, dass Lebewesen auf der Erde die Grundlagen von Leben selbst erschaffen. Oder: dass die Gesamtheit der Organismen durch ihre Stoffwechselprozesse ihre eigene Umwelt bildet. Um seine These zu untermauern, verbündete sich Lovelock mit der Evolutionsforscherin und Mikrobiologin Lynn Margulis. Diese schreibt in ihrem Buch »Der symbiotische Planet oder wie die Evolution wirklich verlief«:

»Aber die Erde hat im biologischen Sinn einen Körper, der durch komplizierte physiologische Vorgänge am Leben gehalten wird. (...) Gaia ist die Summe interagierender Ökosysteme, die auf der Erdoberfläche ein einziges gewaltiges Ökosystem bilden.«

Momentan ist der Abstand zwischen Erde und Mars besonders klein. Vier Missionen sind bereits unterwegs oder warten auf ihren Start: eine US-amerikanische, eine russische, eine chinesische und eine von den Vereinigten Arabischen Emiraten entsandte. Die US-Raumfahrtbehörde NASA kann durch ihre vielen Mars-Missionen, die sie seit den 1970er-Jahren unternommen hat, mit einigem Erfahrungswissen punkten. Ende Juli 2020 hat sie den Mars-Rover »Perseverance« losgeschickt, der in einem vor drei Millionen Jahren ausgetrockneten Flussdelta nach Spuren mikrobakteriellen Lebens suchen soll. Die Bodenproben, die dort entnommen werden, sollen in den besten Laboren der Erde untersucht werden.Und? Was werden sie uns sagen? Dass es Leben auf dem Mars gegeben hat? David Bowie müsste heutzutage singen: »Was there life on Mars?«

Die Forschungen lassen erahnen, dass der Mars ein blauer Planet gewesen sein könnte, wie es die Erde ist. Die Frage ist nun: Wird es einmal Leben geben auf dem Mars? Wenn die Erde restlos ausgebeutet und das Leben hier für uns Menschen so richtig ungemütlich geworden ist, sollte doch für eine Übersiedlung zum Mars alles vorbereitet sein. Durch geschicktes Geo-Engineering wäre nur dafür zu sorgen, dass die Atmosphäre des Mars, die momentan beinahe aus reinem Kohlenstoffdioxid besteht, Sauerstoff enthält. Außerdem müsste Wasser her. Viel Wasser. Und fruchtbarer Boden, denn Astronautennahrung hat man sicherlich schnell satt. Und dann kann's auch schon losgehen. Für einige zumindest. Einige wenige. Was sie dort oben wollen? Wäre es nicht sinnvoller, die Mittel und Mühen, die in die Erforschung des Weltraums investiert werden, dafür einzusetzen, das Leben auf unserer Erde zu erhalten?

Unterm Sternenzelt

Heute Nacht schlafen wir draußen, unterm Sternenzelt. Meine vierjährige Tochter hat sich das schon lange gewünscht. Es ist ein wunderbarer Sommerabend. Wir waren baden, sind abends mit dem Fahrrad durch den Wald gefahren und haben bemerkt, wie warm es noch war. Zu Hause haben wir die Matratze vom Bett gezerrt, sie in den Garten getragen und uns einen Platz ausgesucht, von dem aus wir den Himmel sehen konnten. Es dämmerte schon. Mücken schwirrten um uns herum und die ersten Sterne begannen zu leuchten. Wenn sich ein Stern bewegte und quer über den Himmel flog, war es keiner. Über uns flatterten zwei Fledermäuse, lautlos und so nah, dass ich befürchtete, sie könnten uns streifen. Wir hörten die Grillen in den Gräsern, vorbeifahrende Züge, entfernten Verkehrslärm, Stimmen und leises Lachen aus den Nachbarhäusern. Ein Feuerwerk, weit entfernt, einen Hubschrauber, ziemlich laut, und Flugzeuglärm, lästig.

Wir sprachen über die vielen Himmelskörper und die Einzigartigkeit der Erde. Darüber, wie zerbrechlich der Planet ist, auf dem wir leben. Dann schlief die Kleine ein. Nachdem ich Rachel Carsons' Buch »Magie des Staunens« gelesen habe, denke ich, ich sollte meinem Kind noch sehr viel mehr Naturerfahrungen ermöglichen. Es wird nicht vergessen, wie es ist, im Garten zu schlafen, so unmittelbar zwischen Himmel und Erde. Auch für mich ist es das erste Mal und ziemlich aufregend. Ich fühle mich nicht ausgeliefert, denn wir könnten ja wieder reingehen. Aber schutzlos. Ich denke an Latour, der in »Ein vorsichtiger Prometheus?« beschreibt, dass der Mensch durch seine Kleidung, seine Behausung, seine Umwelt und die Atmosphäre Schichten um sich herum gehüllt hat, die ihn beschützen. Diese Schichten bezeichnet Latour als Lebenserhaltungssysteme, mit denen der Mensch zusammen gedacht werden muss. »(...) ökologische Krisen [bestehen] in der langsamen und schmerzlichen Realisierung, dass es kein Außen mehr gibt.«

Wenn es kein Außen gibt, dann gibt es auch keinen Ausweg. Dann sind wir mittendrin. Uns rauszuhalten und zu glauben, die Klimakatastrophe und sämtliche andere Bedrohungen unserer Zeit würden uns nicht betreffen, ist dadurch schlicht unmöglich.

Jetzt ist der Himmel schwarz. Die Sterne sind zahllos und ich erkenne den Großen Wagen und das Himmels-W. Mehr Sternbilder kenne ich

leider nicht. Und ich habe keine Ahnung, was sich da oben alles abspielt. Es ist sowieso bemerkenswert, wie wenig wir Menschen wahrnehmen und wissen von dem, was uns umgibt. Und wie selten wir staunen.

Wasser ist Leben

Ein Sommergewitter. Blitze am abendlichen Himmel. Donner. Prasseln, plätschern, rauschen, tröpfeln. Endlich! Die letzten Tage waren irrsinnig heiß. Immer wieder haben wir zum Himmel hinauf gesehen und uns gefragt, ob es wohl regnen würde. Aber es sah nicht danach aus. Deshalb habe ich unsere Pflanzen gegossen, mit den letzten kläglichen Wasserresten aus unseren Regentonnen. Jetzt ist es Nacht und endlich kommt der ersehnte Regen. Obwohl wir schon im Bett liegen, stehe ich auf, um die Pumpe anzuschmeißen, die unser Regenwasser vom Dach durch einen unterirdischen Schlauch in ein Fass mitten im Garten leitet. Wir haben diesen Schlauch selbst verlegt, weil das meiste Regenwasser hinter unserem Haus ankommt, wir es aber vorne, im Garten, brauchen. Einen längeren Kanal zu buddeln, war dabei noch die geringste Herausforderung. Am schwierigsten war es, den Schlauch unter dem Haus hindurchzufädeln. Aber dank Gregors Willenskraft und Hartnäckigkeit ist es gelungen. Und so versuchen wir, alle Möglichkeiten zu nutzen, Wasser aufzufangen und zu speichern. Und keinen Tropfen zu verpassen. Denn Wasser ist kostbar.

Die letzten Jahre gehören zu den trockensten seit Beginn der Wetteraufzeichnung. In den Wäldern sind Bäume umgekippt, weil ihre Wurzeln das Grundwasser nicht mehr erreichen konnten. Oder sie wurden von Fresslingen wie dem Borkenkäfer befallen, weil sie durch die Dürre ihre Widerstandsfähigkeit verloren hatten. Oder sind bei einem der zahlreichen Waldbrände vernichtet worden. Und auch wenn es in diesem Jahr ein bisschen mehr geregnet hat als in den Vorjahren, verhilft das dem Boden nicht zu der Feuchtigkeit, die er benötigt. Viele Bodenlebewesen gehen ein. Und auch die Pflanzen keimen nicht mehr so wie sonst, bleiben klein und bringen nicht mehr die gewünschten Erträge.

Nun gibt es in der regenerativen Landwirtschaft verschiedene Methoden, mit dieser Trockenheit umzugehen. Agroforstwirtschaft, Mulchen, Gründüngung, den Einsatz von Terra Preta, das Einhalten von Fruchtfolgen oder die Aussaat dürreresistenter Pflanzen. Linsen beispielsweise. Doch während im Bereich der regenerativen Landwirtschaft viele dieser Methoden zum Einsatz kommen, setzt die konventionelle Landwirtschaft oft weiterhin auf Monokulturen. Wasserintensive Pflanzen wie Kartoffeln werden angebaut und Felder werden künstlich bewässert.

Das trägt dazu bei, dass der Grundwasserspiegel so stark sinkt, dass das frische Wasser eines Tages womöglich nicht mehr reichen wird, dass die Bevölkerung duschen, die Toilette spülen oder gar trinken kann. Es ist aber sowieso in höchstem Maße fragwürdig, ob wir angesichts der Wasserknappheit weiterhin auf unsere Unmengen an Frischwasser verbrauchenden sanitären Anlagen setzen sollten. Da gibt es doch Alternativen. Wie beispielsweise »Showerloop«, eine von einem finnländischen Start-up-Unternehmen entwickelte Dusche, die das verwendete Duschwasser immer wieder aufbereitet, filtert und reinigt. Damit kann man stundenlang duschen, ohne jemals mehr als zehn Liter Wasser

zu verbrauchen. Eine andere Alternative ist die Komposttoilette, die gänzlich ohne Wasser auskommt. Aus deren Inhalt kann sogar Dünger gewonnen werden. Es ist gut zu wissen, dass es Alternativen gibt. Und je mehr Menschen sie auch nutzen oder darüber sprechen, desto mehr verbreiten sich diese Möglichkeiten und werden zur Realität.

Ein Grab im Garten

Als es meiner Schwiegermutter neulich so schlecht ging, dachte ich, es sei eine gute Idee, sie zu uns zu holen. Sie war einundneunzig Jahre alt, hatte einen Darmverschluss, hatte einen Schlaganfall, konnte seit Jahren nicht mehr richtig laufen und seit Kurzem nicht mehr richtig sprechen. Sie wollte sterben. Im Kopf war sie hellwach, aber der Körper machte nicht mehr mit. Ich stellte mir vor, wie sie in unserem Garten sitzen, die Vögel zwitschern hören, unser Kind beobachten, mit uns lachen und von uns versorgt werden würde. Irgendwann würden wir an ihrem Bett sitzen, ihr zu trinken geben, sie streicheln und bei ihr sein, wenn es so weit wäre. Ihre Hand auch dann noch halten, wenn sie immer kälter würde.

Doch es kam alles ganz anders. Gregor konnte gerade noch nach Hamburg fahren und das Krankenhaus wegen Corona mit einer Sondergenehmigung betreten. Zu diesem Zeitpunkt war seine Mutter schon bewusstlos und wurde künstlich beatmet. Kurze Zeit später wurde das Sauerstoffgerät abgestellt und sie starb.

Kurz nach dem Tod der ihnen nahestehenden Menschen sind Angehörige oft nicht in der Lage, Preise zu verhandeln, Angebote zu vergleichen und kritische Fragen zu stellen. Meine Schwiegermutter wollte eine anonyme Urnenbestattung. Obwohl ihr Körper also verbrannt werden sollte, musste ein Sarg mitsamt Inlay gekauft werden. Was beides wahrscheinlich sehr schlecht brennt. Gregor meinte, man hätte auch ein altes Brett mitverbrennen können, es wäre ihm völlig egal gewesen. Ich schlug ihm vor, seine Mutter bei uns im Garten zu begraben. Doch das ist illegal.

Da nimmt ein Mensch zeit seines Lebens Nahrungsmittel aus der Erde, die seinen Körper erhalten. Anstatt ihn der Erde zurückzugeben, damit daraus neuer Humus entstehen kann, lässt er ihn verbrennen oder in einem Sarg beerdigen. Der Sarg ist so dicht, so stark lackiert oder mit Holzschutzmitteln behandelt, dass er sich nicht zersetzt. Der Körper kommt dadurch weder in Kontakt mit Erde noch mit Bodenlebewesen. Entsprechend wird er konserviert, sodass er sich auch nach fünfzehn oder zwanzig Jahren auf dem Friedhof nicht zersetzt. So lange werden Gräber auf deutschen Friedhöfen mindestens gehalten.

Wir hätten meine Schwiegermutter im Garten beerdigen können und bei jedem Radieschen, jeder Tomate und jeder Bohne, die gewachsen wäre, an sie denken können. Aber wir haben uns nicht getraut. Wir waren mit Trauern und dem ganzen bürokratischen Wahnsinn beschäftigt und hatten nicht die Energie, sie aus dem Krankenhaus zu entführen, in einen Teppich zu rollen, aufs Autodach zu heben, ein tiefes Loch zu buddeln ...

Vielleicht ist die Idee mit dem Grab im Garten genauso naiv wie die mit dem Sterben zu Hause. Aber dass es so abwegig erscheint, zeigt eigentlich nur, wie sehr wir Krankheit und Tod externalisieren. Genau wie unsere Nahrungsmittelerzeugung. Der Tod ist tabuisiert und aus unserem Erleben verbannt. Und unser Essen kommt aus der Plastikpackung.

Verbünden mit den Unsichtbaren

Die Komposition von Kompost

Schon seit Jahren haben wir im Garten einen Komposthaufen. Doch wir haben uns nie sonderlich um ihn gekümmert. Er führte ein ziemliches Schattendasein, obwohl er in der Sonne steht. Wir haben einfach alles drauf geschmissen, was wir loswerden wollten. Haben den Kompost nie gegossen, nie umgesetzt, nie gesiebt. Nie geliebt. Neulich fiel mir ein Buch in die Hände, auf dessen Rückseite stand:

»Mit dem neuen Heißkompostverfahren der Initiative DIE BODEN SCHAFFT revolutioniert Martina Kolarek den guten alten Komposthaufen: kein mühsames Umsetzen des Haufens, keine Geruchsbelästigung, kein Unkraut und kein Ungeziefer mehr – alles rein biologisch und gut für die Natur! In Rekordzeit erhalten Sie wertvollen frischen Kompost, dauerhaft fruchtbaren Boden und gesunde Pflanzen.«

Davon war ich total angefixt, weil es bei unserem alten Komposthaufen etwa fünf Jahre gedauert hatte, bis wir Komposterde »ernten« konnten. Und eine Revolution? Dafür bin ich doch immer zu haben. Also blätterte ich in dem Buch, in dem Frau Kolarek ihre Methode beschreibt. Schnell und einfach klang sie allerdings nicht. Neun verschiedene Gruppen von Materialien sollten im Vorfeld gesammelt werden. Frisches und Vertrocknetes, Grünes und Holziges, Tierisches und Industrielles, Steiniges und Erdiges. Wie eine Lasagne sollten sie übereinander geschichtet werden, immer im Wechsel und vier- bis fünfmal hintereinander. Also

9 Schichten mal 5, das macht insgesamt 45 Schichten. Ein Elixier aus Wildkräutern sollte vorab hergestellt werden, mit dem die Schichten in homöopathischen Dosen beträufelt werden sollten. Bestimmte Wildkräuter natürlich, ein ganz schöner Hokuspokus. Zunächst hatte ich überhaupt keine Lust, einen solchen Aufwand zu betreiben.

Eines Tages jedoch hatte ich alle Zutaten beisammen und konnte loslegen. Ich hielt mich an die Rezeptur, baute zunächst eine Drainage aus Ästen und Zweigen und begann dann mit dem Schichten. Ich wässerte und wendete. Fuhr fort und schichtete, wässerte und wendete. Gregor sah sich das Ganze kopfschüttelnd an. Er stellte kritische Fragen wie diese: »Warum hat man nicht die Zeit, zu warten, wie beim herkömmlichen Kompost und wählt so eine Turbomethode?« Er hatte ja recht. Die wie ein Werbetext anmutende Beschreibung auf der Buchrückseite passt nur zu gut in unsere Zeit. Sie verspricht Effizienz, Hygiene, Zeitersparnis und die Vermeidung von Pflegeaufwand.

Doch durch den Aufbau meiner ersten Heißrotte passierte etwas mit mir. Ich begann, ein grundlegendes Verständnis für Bestandteile, für Aggregatzustände, Haptik und Textur von kompostierbaren Materialien zu entwickeln. Das führte dazu, dass ich mich fortan auch für unseren herkömmlichen Komposthaufen mehr interessierte. Ich schenkte ihm mehr Aufmerksamkeit und Fürsorge. Fügte lehmhaltige Erde hinzu und begann, ihn täglich mit Regenwasser zu gießen. Ich streute Schnitzel von Pappschachteln darauf und lockerte ihn mit der Mistgabel auf. Und siehe da: Er wurde quicklebendig, voller Springschwänze, Kellerasseln, Schnecken, Spinnen, Regenwürmer und Tausendfüßer. Inzwischen wachsen Kürbisse darauf und eine Honigmelone.

Ein neues Familienmitglied

Das hätte ich nun wirklich nicht gedacht. Vor ein paar Tagen habe ich diesen Heißkompost aufgebaut. Jetzt liegt er von einer Schicht Heu bedeckt in unserem Garten. Und ist heiß (oder zumindest warm) geworden. Ihn aufzubauen, hat mich etwas Mühe gekostet. Und – ich habe Gefühle für ihn entwickelt: zärtliche, fürsorgliche, ja sogar liebevolle. Ich sehe täglich nach, welche Temperatur das Bratenthermometer anzeigt. Heute waren es 52 Grad Celsius. Ich füttere ihn mit frischen Küchenresten, weil mir die beim Aufbau des Komposthaufens in den oberen Schichten ausgegangen waren. Hier eine Eierschale, dort ein vorzeitig vom Baum gefallener Apfel oder ein bisschen Kaffeesatz.

Warum habe ich so warme Gefühle für diesen Haufen aus Grasschnitt, altem Gestrüpp und Küchenabfällen? Weil ich ihn erschaffen habe? Sind es also Muttergefühle? Weil er warm ist, unter seinem Fell aus Heu, und sich anfühlt wie ein großes, gemütliches Tier? Weil er sich streicheln und umarmen lässt? Weil ich mich um ihn kümmere und das, obwohl er eigentlich gar keine Pflege braucht? Oder weil er im Grunde doch lebendig ist, kein Säugetier zwar, aber aus Millionen von Kleinstlebewesen besteht? Er ist kein Organismus, besteht aber aus Organismen.

Doch können wir Menschen zu Mikroorganismen wirklich eine Beziehung aufbauen? Haben wir nicht längst Beziehungen zu den Bakterien in unseren Körpern, auf unserer Haut, ohne uns darüber bewusst zu sein?

Es ist natürlich nicht so leicht, etwas zu lieben, das man weder sehen noch mit anderen Sinnen wahrnehmen kann. Da ist womöglich Projektion

im Spiel. Oder eine gewisse Ungleichheit, die der Beziehung im Weg stehen kann. Aber ich glaube, das ist unerheblich. Entscheidend ist doch das Gefühl. Wenn man etwas liebt oder zumindest respektiert, verhält man sich ganz anders, als wenn man etwas eklig und abstoßend findet. Oder es einem egal ist. Und darauf kommt es an.

Ich habe von Familien gehört, die ihre Wurmkiste wie ein Haustier behandeln. Jeden Morgen rennen die Kinder erst mal hin und schauen nach, wie es den Würmern geht. Ich halte es auch für möglich, zu einem Sauerteig ein inniges Verhältnis zu haben. Oder zu einem Kefirpilz. Wieso also nicht zu einem Komposthaufen?

Unter dem Mikroskop

Heute habe ich eine Probe aus unserer Heißrotte unter dem Mikroskop untersucht. Als ich es das erste Mal versucht hatte, konnte ich fast gar nichts erkennen. Nur schwarze Punkte, die den Bewegungen meiner Augen folgten, meine Wimpern und Undefinierbares, Unscharfes. Beim zweiten Mal saß die Schärfe. Aber die Probe aus dem Gartenkompost schien unbelebt zu sein. Nur Sand war da und Erde, nichts, was sich bewegt hätte. Doch immerhin: Die Probe, die ich auf der Glasplatte hatte, ein Tropfen Kompost im Verhältnis 1 zu 10 mit Wasser verdünnt, schien so weitläufig, dass ich mit meinen Augen darauf spazieren gehen konnte. Zwischen großen, kristallklaren Sandkörnern, an holzigen, faserigen Teilchen vorbei, zwischen Luftblasen im Wasser, veralgten braunen Moorgebieten ...

Heute zum ersten Mal: Leben!!! Nematoden, winzig kleine Würmer, die mit bloßem Auge nicht sichtbar sind. Die sich schlängeln und durchsichtig sind wie Glas. Dazu kleine Wobbelwesen. Pilzfäden, die ähnlich aussehen wie Nematoden, nur viel größer und unbewegt. Und so ein allgemeines Pulsieren, Schlingern und Wabern.

Mein erster Impuls: Freilassen! Die wollen vielleicht nicht zwischen zwei Glasplatten gefangen sein und von mir beobachtet werden in diesem grellen Licht. Sie wollen doch im warmen, dunklen Bauch der Heißrotte sein und dort fressen, sich aalen und Humus erschaffen. Und was bewirkt mein Forscherblick eigentlich? Was verstehe ich als Laie überhaupt von alledem? Und verhalten sie sich in ihrer natürlichen Umgebung nicht sowieso völlig anders, die Bodenlebewesen? Jedenfalls habe ich das Gefühl, dass sie sich nicht besonders wohlfühlen. Und ich ihnen diese Tortur am liebsten ersparen würde. Aber ich bin auch sehr froh, sie mal gesehen zu haben. Und zwar live, in echt und nicht in einem Film. Obwohl der Blick durchs Mikroskop auch ein bisschen wie Kino ist.

Genug jetzt. Ich schalte das Licht aus, spüle den noch feuchten Tropfen zurück in mein Reagenzglas und bringe ihn wieder auf den Komposthaufen. Leben soll ja leben.

Meine Wurmgemeinschaft

Ein Gastbeitrag von Pauline Lürig

Ich habe mir Kompostwürmer bestellt.

Ja, es klingt sehr offensichtlich nach Stadtleben, wenn Würmer per Post kommen. Ich freue mich sehr auf meine neuen Mitbewohner. Ihr neues Zuhause, eine Holzkiste, die in der Küche steht, habe ich bereits für sie eingerichtet. Ich bin das einzige menschliche Lebewesen in meiner WG. Außer mir bewohnen noch Mikroorganismen den Sauerteig im Kühlschrank und einige Pflanzen den Balkon. Die freuen sich auch schon. Von der ollen Supermarkterde werden sie langsam genug haben und können kaum den Tag erwarten, an dem sie frische Wurmkomposterde bekommen. Das wird meine Aufgabe als Mensch sein: Gemüsereste übrig lassen und Erde vom einen Ende der Wohnung zum anderen tragen. Natürlich ist das eine etwas künstliche Situation im Vergleich zu Gärten und Feldern da draußen, aber unseren kleinen Kreislauf stelle ich mir doch recht gut vor.

Es ist putzig, wie sich meine menschlichen Freundinnen und Freunde neugierig auf den Einzug der Kompostwürmer freuen. »Sag' Bescheid, wenn sie kommen! Ich will dabei sein! Wir könnten eine Einweihungsparty machen!« Gleichzeitig muss ich an die Blicke von Menschen denken, die mich gefragt haben, wie viele Würmer das denn so wären, und muss grinsen. »Och, 350 Würmer hab' ich jetzt erst mal, könnten aber schon so 3000 werden.« »Drei-tau-send??!!« Große Augen, gerunzelte Stirn, sichtlich irritiert. Merkwürdig genug, Würmer IN DER WOHNUNG zu haben, aber dann auch noch so viele?! Ja, brechen die denn nicht aus? Ist das nicht furchtbar eklig? Und ist das nicht Massentierhaltung?

Fleißig informiere ich mich in Regenwurmratgebern: Der Kompostwurm ist eine Unterart der Regenwürmer, insgesamt gibt es weltweit zig Regenwurmarten, die alle verschieden aussehen, speisen, wohnen. Allen ist gemeinsam, dass sie nicht gerne angefasst werden (nur umgeben von Erde ist es sicher), sehr lichtempfindlich sind und nur zwischen Hell und Dunkel unterscheiden können. Regenwürmer besitzen einen feinen Erschütterungssinn, um zum Beispiel Maulwürfe frühzeitig erkennen zu können (und zu fliehen). Jetzt bereue ich schon meine Versandbestellung. War es mir doch von Anfang an absurd vorgekommen, Lebewesen per Post zu verschicken. Aber keine Alternative erschien machbar.

Sie sind da! Endlich, alles hat geklappt, sie leben. Am Anfang noch etwas unter Schock oder seekrank, sind sie nun über die letzten Stunden aktiver geworden und erkunden ihre neue Kiste. Derweil bin ich mit Beobachten beschäftigt: Ist das Obst zu viel? Bekömmlich genug? Ist es klein genug geschnitten? Haben sie es zu warm? Was sind das für weiße Tierchen und warum werden es mehr? (Ah, soll so, steht hier, gut.) Da Regenwürmer aber in einer anderen Geschwindigkeit funktionieren als Menschen, wird mein wartendes, herumstehendes Lauern vergeblich sein – die Folgen meines Handelns werde ich frühestens in ein paar Tagen sehen.

Das erste Mal sind sie alleine zuhause, bereits kurz nach ihrem Einzug. Ins kühle Bad gerollt, zum Abschied noch mal mit Wasser eingesprüht, genug zu essen da gelassen. Versuche, das Gefühl, sie würden mich »brauchen«, über Bord zu werfen. Nach zwölf Tagen bin ich wieder zu Hause und die Mitbewohner sind wohlauf. Und sie waren so fleißig! Erstaunlich viel Erde ist in den paar Tagen entstanden. Papierreste und

Karton sind überwiegend übrig, Gemüse und Obst größtenteils zersetzt. Ich stelle fest, dass weißer Schimmel entstanden ist, besorgt lese ich nach, was zu tun ist.

Alles herausnehmen? Luft dran? Auswischen? Nein, alles nicht. Schimmel sei kein Problem, wird ebenfalls zersetzt werden, einfach etwas unterheben, fertig. Gar nicht so leicht, die gelernten menschlichen »Iiieeh-Schimmel-schnell-weg-damit!«-Grundsätze aufzulösen. Was einem der »gesunde Menschenverstand« sagt, gilt eben für Menschen, nicht für Würmer.

Es gibt keinen Müll. Was vorher im Mülleimer gelandet ist, wird, seitdem ich eine Wurmkiste besitze, verfüttert. Sorgsam schneide ich die Gemüse- und Obstreste klein, gut verdaulich in wurmtaugliche Portionen, reiße Papier und Karton klein und weiche es ein. Es fühlt sich an, als bereitete ich eine Mahlzeit. Die Fütterung verwandelt den »Müll« in wertvolles Essen. Der »Müll« löst sich auf. Das Verständnis von »Müll« löst sich auf.

Effektive Mikroorganismen

Wir haben mit der Anzucht von Effektiven Mikroorganismen (EM) begonnen. EM sind eine Mischung aus Milchsäurebakterien, Hefepilzen und Fotosynthesebakterien, die von dem japanischen Gartenbauprofessor Teruo Higa entwickelt wurde. Die Mischung enthält sowohl aerobe Bakterien (solche, die Sauerstoff brauchen) als auch anaerobe Bakterien (solche, die keinen Sauerstoff brauchen).

Diese unterschiedlichen Bakterienarten sollen sich durch ihre Stoffwechselprodukte gegenseitig am Leben halten. Sie sollen sich positiv auf Humusaufbau und Bodenleben auswirken und die Kompostierung beschleunigen. Sie können unangenehme Gerüche neutralisieren oder als Putzmittel eingesetzt werden. Bakterien als Putzmittel? Wie abgefahren!

Innerhalb des Edaphons, der Gesamtheit der im Boden lebenden Organismen, gibt es unterschiedliche Arten von Bakterien: auf der einen Seite die, die Fäulnis und uns krankmachende Stoffe erzeugen, und auf der anderen Seite die, die für eine bessere Bodenqualität sorgen. Als dritte Gruppe gibt es – laut der Hypothese von Teruo Higa – die »opportunistischen« Mikroben. Die seien eigentlich neutral, stellten sich aber auf die Seite derer, die die aktivere Mehrheit bilden, also derer, die gerade an der »Macht« sind. Die Idee hinter den EM ist es, die »Guten« zu stärken, damit sich die feigen Opportunisten auf deren Seite schlagen, um gemeinsam mit diesen die »Schlechten« zu bekämpfen.

Unsere frisch gezüchteten EM sind also in den Garten eingezogen. Gregor schwört auf ihre positive Wirkung. Leider sind wir mit unseren

Experimenten bisher nicht sehr systematisch vorgegangen, sodass wir jetzt nicht sagen können, ob unsere Pflanzen so gut im Saft stehen, weil wir a) im vergangenen Jahr die Mykorrhiza-Pilze in den Boden gebracht haben, b) halbreifen Kompost auf den Beeten verteilt haben, c) weil es in letzter Zeit geregnet hat oder d) weil die EM so gute Arbeit leisten.

Ich muss zugeben, dass ich, was die EM angeht, skeptisch bin. In einem Artikel lese ich, dass die Wirkung von EM wissenschaftlich nicht nachgewiesen ist. Dass manche Gärtnerinnen und Gärtner oder Bäuerinnen und Bauern einen positiven Effekt feststellen können und andere nicht. Und dass eine gesunde Skepsis den EM gegenüber durchaus angebracht ist, da diese kommodifiziert, das heißt zur Ware gemacht und verkauft werden. Es erscheint mir einer doch sehr kapitalistischen Logik zu entspringen, Bakterien zur Ware zu erklären und ihre Arbeitsleistung auszubeuten. Natürlich werden seit Menschengedenken Kleinstlebewesen wie Hefepilze und anaerobe Bakterien für alle möglichen Fermentationsprozesse genutzt. Man denke nur an Brot und Wein, an eingelegte Gurken, Joghurt, Käse oder Sauerkraut. Aber ist es denn vertretbar, sie in Flaschen zu packen und zu verkaufen, um sie in einem Kampf antreten zu lassen, der nicht der ihre ist?

Leider lässt sich nicht so einfach klären, welche Interessen die Mikroben selbst verfolgen. Wir haben (noch) keine gemeinsame Sprache mit ihnen und keinerlei Verständigungsstrategien. Aber mal angenommen, dass zumindest die EM im Großen und Ganzen das Gleiche wollen wie wir Menschen: fruchtbare Böden, gesunde Pflanzen, Sauberkeit und Wohlgerüche – könnten wir dann nicht davon sprechen, dass es sich beim Einsatz von Effektiven Mikroorganismen um einen Akt der Sympoiesis handelt? Mit Sympoiesis, so wie Donna Haraway sie vorschlägt, ist die gemeinsame, artenübergreifende Zusammenarbeit gemeint. Wenn wir den EM zu einer größeren Population verhelfen und sie uns dafür die Böden fruchtbar machen, das wäre doch eine tolle Kooperation. Und wenn es nichts nutzt, dann haben wir zumindest Sport gemacht. So eine Art Aerobic mit den Aeroben und den Anaeroben ...

Die Mykorrhiza-Symbiose

Pilze sind schon sehr besondere Lebewesen. Sie sind weder Pflanze noch Tier. Ihre Zellwände bestehen aus Chitin, einem Stoff, der sonst nur bei Insekten vorkommt. Sie können Tausende von Jahren alt werden und ihr unterirdisches Netz kann mehrere Quadratkilometer groß sein. Manche Pilze sind so giftig, dass ihr Verzehr schon in kleinen Dosen tödlich ist. Andere können schmackhaft sein wie Steinpilze oder wertvoll und delikat wie der Matsutake, von dem Anna Lowenhaupt Tsing in ihrem schönen Buch »Der Pilz am Ende der Welt. Über das Leben in den Ruinen des Kapitalismus« berichtet. Sie spricht darin von der existentiellen Bedeutung der Kollaboration: »Ich behaupte, dass es, um am Leben zu bleiben, lebensfähiger Formen des Zusammenwirkens, der Kollaboration bedarf – und zwar für jede Art. Kollaboration heißt, trotz der Unterschiede zusammenzuwirken, was letztlich zur Kontamination führt. Ohne Kollaboration sterben wir alle.«

Eine erstaunliche und äußerst fruchtbare Form der Kollaboration ist die der Mykorrhiza. Der Begriff »Mykorrhiza« (aus dem Griechischen

»mukês« für »Pilz« und »rhiza« für »Wurzel«) bedeutet so viel wie »verpilzte Wurzel«. Die Fäden des Pilzes verbinden sich mit den feinsten Wurzeln der Pflanzen, hüllen sie in ein dichtes Fadengeflecht und vergrößern ihre Reichweite zur Nährstoffaufnahme um ein Vielfaches. Darüber hinaus schützen die Pilze die Pflanzen vor Krankheiten oder vor Schadstoffen, indem sie diese wie ein Filter selbst aufnehmen. Im Gegenzug bekommen die Pilze von den Pflanzen Zucker oder andere Kohlenhydrate.

Es gibt Endo- und Ektomykorrhizen, also solche, die in die Wurzel eindringen, und solche, die die Wurzeln umschließen. Außerdem gibt es noch arbuskuläre Mykorrhizen und eine Menge anderer Arten. Die Forschung hat diesbezüglich noch nicht ihr letztes Wörtlein gesprochen.

Als wir noch in einer kleinen Stadtwohnung lebten, begannen wir damit, Mykorrhiza-Pilze zu züchten. Als Wirtspflanze wählten wir Mais. Auf unserem gerade mal 1,5 Quadratmeter großen Balkon stellten wir über hundert kleine Töpfchen auf, befüllten sie mit Erde, gaben ein Pilz-Granulat hinzu, steckten Maiskörner hinein und gossen die Töpfchen regelmäßig. Der Balkon war nach kurzer Zeit so vollständig von Maispflänzchen besetzt, dass wir ihn nicht mehr betreten konnten.

Die Hälfte des Mykorrhiza-Maises verschenkten wir. Die andere Hälfte pflanzten wir später in unseren Garten. Nachdem ein Jahr vergangen war, konnte ich die weißen Pilzfäden, die Hyphen, entdecken, wenn ich in der Erde grub und Wurzeln herauszog. Ab und zu strecken auch braune Pilze ihre Köpfchen aus dem Boden, mit Hütchen, die nur so groß sind wie ein 20-Cent-Stück. Es ist ein schönes Gefühl, zu wissen, dass da im Boden so viel Kooperationsbereitschaft steckt. Davon können wir Menschen uns eine Scheibe abschneiden.

Nachdem wir den Mykorrhiza-geimpften Mais in unseren Garten gepflanzt hatten, waren wir eine Weile nicht dort und konnten uns nicht weiter um den Garten kümmern. Als der Mais schließlich verdorrt war, haben sich die Mykorrhiza-Pilze wohl mit den eher ungeliebten Beikräutern verbündet. Diese haben unsere Beete seither so stark besiedelt, dass man gar nicht mehr von Beeten sprechen kann. Aber sicherlich gedeihen sie dank der Mykorrhiza-Symbiose so prächtig. Was die Wirksamkeit dieser Methode nur bestätigt.

Terra Preta, selbst gemacht

Juchhu! Endlich! Heute wollen wir Terra Preta herstellen. Wir haben schon viel darüber gelesen, viel davon gehört und haben das Gefühl, dass uns diese Methode in unserem Gartenexperimente-Werkzeugkoffer noch fehlt.

Terra Preta, auf Portugiesisch: »schwarze Erde«, wurde vor wenigen Jahrzehnten im Amazonasgebiet entdeckt. Dieser Boden wurde vor Tausenden von Jahren von damaligen Zivilisationen fruchtbar gemacht und konnte so ganze Hochkulturen ernähren. Lange stand die Forschung vor einem Rätsel, wie das möglich gewesen sein könnte, bis der Bodenkundler Bruno Glaser in den 1990er-Jahren zeigen konnte, dass die Terra Preta tatsächlich von Menschenhand geschaffen wurde. Sie ist so dauerhaft, dass sie sich noch heute nachweisen lässt.

Rezepte für Terra Preta findet man in Büchern und auf Webseiten. Manche empfehlen Tierdung, andere arbeiten mit menschlichen Fäkalien,

wieder andere nutzen Zutaten wie Tonscherben, Knochen oder Fischgräten. Klarheit verschafft zum Beispiel Andrea Preißler-Abou El Fadil in ihrem Buch »Gärtnern nach dem Terra-Preta-Prinzip«.

Dort steht, dass manche Zutaten obligatorisch seien, andere fakultativ. Die drei obligatorischen sind: Pflanzenkohle, organische Abfälle und Milchsäurebakterien.

Von unserem Lagerfeuerabend haben wir noch etwas Holzkohle in der Feuerschale. Die lassen wir trocknen und bearbeiten sie dann mit dem Holzhammer, bis sie zu kleinen Stückchen und Kohlestaub zerfällt. Effektive Mikroorganismen, EM, haben wir noch vom letzten Jahr übrig, außerdem haben wir ein paar Tage lang Urin gesammelt. Und auf eine neue Miete innerhalb des Komposthaufens haben wir monatelang Küchenabfälle geworfen.

Ich schaufele mehrere Eimer davon heraus und bemerke: lauter Regenwürmer. Sie sind etwas träge, aber beim genaueren Hinsehen: lebendig. Und sie versuchen, dem Licht, dem ich sie aussetze, zu entkommen. Oder mir. Gregor hat alles vorbereitet, was wir für die Zubereitung von Terra Preta brauchen. Frierend steht er da und wartet, bis ich mit den Eimern vom Komposthaufen komme. »Die sind voller Regenwürmer«, sage ich und beginne, den Inhalt der Eimer zu untersuchen und die Regenwürmer vorsichtig herauszusortieren. »Überleben die das denn nicht?«, fragt Gregor. »Fermentiert zu werden? Nein«, antworte ich und lasse mich nicht aus der Ruhe bringen. Er tänzelt von einem Fuß auf den anderen, reibt sich die Hände. Läuft zum Schuppen, holt Urgesteinsmehl, bringt die aussortierten Würmer zurück auf den Kompost, friert immer noch. »Du rettest die Regenwürmer und mir frieren die Zehen ab.«

»Man muss Prioritäten setzen«, erwidere ich augenzwinkernd. Gregor geht ins Haus.

Ich beginne ein verschließbares Plastikfass zu befüllen, das ungefähr 20 Liter fasst. Zwischendurch stecke ich meinen Arm hinein, mische die Zutaten und stampfe – so fest ich kann – mit einem großen Stahlhammer, um die organische Masse zu verdichten. Die Luft soll entweichen, denn Fermentierung ist ein anaerober Prozess, der nur unter Ausschluss von Sauerstoff funktioniert. Im Anschluss schütte ich eine Flasche voll EM darauf und den Urin aus dem Kanister. Riecht gar nicht schlecht. Am Ende streue ich Pflanzenkohle darauf, die eine Art Korken bilden soll. Schleppe das Fass ins Haus, weil es die Mikroorganismen schön warm und kuschelig mögen. Gregor verschließt das Fass und wir warten. Es dauert wohl einige Wochen, bis die Terra Preta fertig ist. Im Sommer kann das Gefäß draußen stehen, man kann es mit der Öffnung nach unten direkt aufs Beet setzen. Dann können bei Gelegenheit auch Bodentiere einziehen. Oder ausziehen, falls man sie übersehen hat.

Ein Waldgarten

Ein Waldgarten? Ein Garten im Wald? Ein Wald im Garten? Nein, weder noch. Ein Waldgarten ist eine Methode aus der Permakultur, in der ein Garten so angelegt wird, dass er dem Aufbau eines Waldes ähnelt. Bei uns in Mitteleuropa ist Wald die natürliche und an unser Klima angepasste Vegetation. Auf Brachflächen siedeln sich nach einer Weile ganz von selbst Gehölze an, auch ohne Baumpflanzung. Es ist nur eine Frage der Zeit.

Ein Waldgarten ahmt die natürliche Vegetation nach. Dabei gliedert man den Garten nicht in verschiedene Bereiche oder Beete, sondern setzt vor allem auf verschiedene Wuchshöhen: Die Wuchshöhen der Bäume, Sträucher und Kräuter bilden jeweils eigene Nischen im Ökosystem.

Ein Waldgarten ist ein Ort der artenübergreifenden Kooperation. Gerne wird er von Insekten und Wildtieren angenommen. Der Schatten, den die Bäume werfen, sowie die vollständige Bedeckung des Bodens fördern die Wasserspeicherkapazität der Erde. Die Bäume und Sträucher lassen im Herbst ihre Blätter fallen und mulchen ganz natürlich. Die Durchwurzelung des Bodens auf unterschiedlichen Ebenen verteilt den Humus bis in tiefe Schichten hinein. Im Optimalfall ist ein Waldgarten ein Ökosystem, das den Eingriff des Menschen kaum noch braucht.

Unser großer Walnussbaum stand schon von Anfang an im Garten. Das erste Bäumchen, das wir dazu gepflanzt haben, war ein Apfelbaum, den uns unsere Nachbarn geschenkt hatten. In den darauffolgenden Jahren kamen weitere hinzu: ein Quittenbaum, ein Aprikosenbaum, ein Zwetschenbaum, ein Pflaumenbaum, ein Pfirsichbaum. Eine Reihe junger Walnussbäume hat sich von selbst angesiedelt – aus von Eichhörnchen verbuddelten Nüssen. Auch ein paar Beerensträucher haben wir gepflanzt: Himbeere, Johannisbeere, Stachelbeere, Jostabeere, Heidelbeere und Gojibeere. Doch bisher hatten wir das alles voneinander getrennt. Hier die Bäume, da die Büsche und die Beete dort. Dass sie alle dichter zusammenrücken und sich gegenseitig unterstützen könnten, ging uns erst auf, nachdem wir Bücher über Permakultur gelesen hatten.

Deshalb haben wir begonnen, die Baumscheiben, also den Bereich, in den der Baum im Herbst seine Blätter fallen lässt, mit Beerensträuchern und Kräutern zu bepflanzen. Wir hoffen, dass sie gute Nachbarn werden und sich gegenseitig unterstützen. So wie das üblich ist in unserer Gegend.

Schädling,

Nützling,

Fressling,

Schützling?

Mitgeschöpfe im Fruchtfleisch

Wie in jedem Jahr hat unser Nachbar uns eingeladen, Kirschen von seinem Baum zu pflücken. Unsere Tochter isst die Kirschen gerne. Sie ekelt sich noch nicht vor ihrem Innenleben.

Ich will Marmelade kochen. Die Kirschen zerteile ich, hole die Steine heraus und auch die »Eiweißeinlage«, die kleinen weißen Würmchen oder Maden, die die Kirschen bewohnen. Wie sie so vor mir liegen, sich räkeln und winden, denke ich: Sind sie nicht wie Embryos nach einem Schwangerschaftsabbruch, hilflos ausgeliefert und nicht mehr lebensfähig ohne die schützende Hülle? Und habe ich das Recht, sie derart freizulegen? Gibt es nicht sowieso schon zu wenig Insekten – und ich entziehe diesen hier vorzeitig ihre Lebensfähigkeit? Hätte ich sie drin lassen und in der Marmelade mitkochen sollen? Auch nicht besser. Vielleicht schaffen es die kleinen Wesen ja, im Komposthaufen zu überleben, wohin ich sie zusammen mit den Steinen und Stielen werfe. Vielleicht werden sie dort zu prächtigen Fliegen, Käfern oder ich weiß nicht was. Ja, was denn eigentlich?

Ich lese, dass es sich um die Kirschfruchtfliege handelt, mit dem wissenschaftlichen Namen *Rhagoletis cerasi*. Sieht ähnlich aus wie die bekannte Stubenfliege und kann innerhalb kurzer Zeit die gesamte Kirschernte vernichten. Von innen zerfressen, werden die Kirschen weich und beginnen zu faulen. Wenn die kleinen Würmchen also auf dem Kompost überleben, zu Fliegen werden und Nachkommen zeugen, dann haben wir im kommenden Jahr wieder das Vergnügen miteinander. Es ist also gar nicht so einfach mit den sogenannten Schädlingen. Wenn ich als Mensch den anderen Spezies mehr Raum zugestehen möchte, gerate ich bezüglich meiner eigenen Ernährung oder meines Wohlbefindens in echte Interessenskonflikte.

Heuschrecken, Buchsbaumzünsler, Borkenkäfer, Nacktschnecken, Läuse, Eichenprozessionsspinner, Wühlmäuse – die Liste ließe sich fortsetzen mit lauter Wesen, die zumindest aus menschlicher Sicht großen Schaden anrichten können. Doch ihnen mit chemischen Mitteln beizukommen, ist keine so gute Idee. Denn damit schadet mensch nicht nur den sogenannten Schädlingen, sondern auch ihren natürlichen Feinden, die meist für »Nützlinge« gehalten werden. Natürliche Feinde? Das ist es!

Die natürlichen Feinde zu Fresslingen zu finden, ist eine Herausforderung. Für die Kirschfruchtfliege sind es die mikroskopisch kleinen Fadenwürmer der Gattung *Steinernema*. Die kann man im Handel kaufen. Gegen Nacktschnecken sollen Laufenten helfen, und die sind ja auch besonders niedlich. Die Laufenten holt sich aber auch gerne der Fuchs. Gegen Fliegen und Mücken sind Spinnen empfohlen. Gegen Wühlmäuse helfen: Bussarde, Graureiher, Krähen, Raben, Schleiereulen, Turmfalken, Uhus, Käuzchen und Störche. Darüber hinaus Dachse, Frettchen, Füchse, Hermeline, Hunde, Katzen, Iltisse, Marder, Wiesel und Wildschweine. Hui, mir ist schon ganz schwindelig. Wogegen hilft jetzt was?

Will man den Bestand schädigender Arten einhegen, tut man also gut daran, die Lebensräume der sogenannten Nützlinge zu bewahren. Das wäre angewandter Artenschutz. Und sicherlich ist es nicht verkehrt, sich außerdem in einer Kultur des Teilens zu üben. Die Kirschen mit den Larven zu teilen, so wie der Nachbar mit uns geteilt hat. Sharing is caring.

Tierisches Gärtnern

Da es in letzter Zeit nicht mehr geregnet hat, ist unsere Wiese vertrocknet. Neulich habe ich entdeckt, dass sie durchwühlt und voller Löcher war. Vielleicht durch ein Tier, das in der Erde nach Regenwürmern gesucht hat. Ein Igel? Oder Wühlmäuse? Oder ein Eichhörnchen, das dort Nüsse vergraben wollte? Heute wieder: neue Löcher. Schön sieht das nicht aus. Doch mir kommt ein Gedanke: Vielleicht wollte das Tier, das hier gerüffelt hat, nichts durcheinander bringen, sondern, im Gegenteil, etwas Gutes tun. Die Erde auflockern, damit wieder Luft daran kommt. Das verdorrte Gras herausreißen, damit wieder saftig und grün nachwachsen kann, was braun und abgestorben war. Ja, diese Variante im Denken ziehe ich vor. Und jetzt, wo ich noch einen Kackhaufen neben einem der Löcher entdecke, bin ich mir sicher! Hier handelt es sich um die tierische Version des Gärtnerns inklusive selbst gemachtem Düngemittel! Als Nächstes fällt mir der Spruch mit den Zitronen ein: »Gibt dir das Leben Zitronen, dann mach Limonade daraus.« Das wandle ich zu: Schenkt dir das Leben Löcher, dann streue Samen hinein.

Bei unseren verblühten Pflanzen hatte ich die Samenkapseln und Schoten gesammelt und zum Trocknen ausgelegt. Die wendeltreppenartigen Lupinenschoten, die, wenn sie aufspringen, ihre Samen kreisförmig um sich herum schleudern. Die zarten goldgelben Senfsamen, die in einer Schote mit so feinen, aber gemeinen Stacheln liegen, dass sie in meinen Fingern steckenbleiben. Die Kapseln des Mohns mit den kleinen Perforationen im Hütchen, aus denen die winzigen schwarzen Körnchen herausrieseln. Die wurmartig gekrümmten Samen der Ringelblumen. Jetzt lohnt es sich, dass wir Bio-Samen gekauft hatten, die sich vermehren lassen. Und nicht Hybridsamen aus dem konventionellen Handel, die unfruchtbare Pflanzen hervorbringen.

Von Masanobu Fukuoka, einem japanischen Bauern und Philosophen, habe ich gelernt, dass man Samen nicht unbedingt im Frühjahr säen muss, sondern schon im Herbst ausbringen kann. Der Freigeist Fukuoka hat durch jahrzehntelange Experimente herausgefunden, dass es für seine Felder das Beste war, Gerste und Reis im Wechsel anzubauen. Doch bevor er das eine reife Getreide erntete, säte er schon die Samen für das nächste aus. Fukuoka hat auch gemulcht, mit dem Stroh, das nach dem Dreschen übrig war. Das kam, ganz entgegen der üblichen Herangehensweise zu seiner Zeit, einfach zurück aufs Feld, und zwar nicht ordentlich in Reihen, sondern möglichst wild durcheinander. Es lohnt sich, Fukuoka zu lesen, der ein sehr bescheidener und zugleich sehr eigensinniger Mensch gewesen sein muss. Immerhin wird er heute als Urvater der Permakultur angesehen, der seine Gedanken lange vor David Holmgren und Bill Mollison niedergeschrieben hat. Letztere gelten als die Begründer der Permakultur, welche zu beschreiben den Rahmen dieses Textes sprengen würde. Nur so viel sei hier erwähnt: Die Permakultur ist eine Form der Bewirtschaftung, bei der die »Natur« nachgeahmt wird. In der »Natur« räumt auch niemand das Stroh weg. In der »Natur« sammelt niemand die Samen im Herbst, wartet bis zum nächsten Frühling und streut sie dann auf ein nacktes Feld. Die Permakultur strebt Systeme an, die sich im besten Falle selbst erhalten. Tiere sind oft Teil davon und tragen mit ihrem Dung zur Bodenfruchtbarkeit bei.

Auf unserer verdorrten Wiese habe ich den Kackhaufen in einem der Löcher verschwinden lassen. Sollte das Tier eine Pflaume mitsamt

Kern gefressen haben, was zu dieser Jahreszeit ja sehr wahrscheinlich ist, wächst vielleicht ein Baum daraus. Der Baum wird Schatten auf die Wiese werfen, sodass Gras nicht mehr vertrocknet, wenn es wieder einmal viel zu wenig regnet.

Hassliebe zum Walnussbaum

In unserem Garten steht ein großer, schöner Walnussbaum. Im Sommer verbringen wir ganze Tage in seinem riesigen Schatten. Und im Herbst schenkt er uns Nüsse. Viele, viele Nüsse. Das wäre eigentlich das reinste Paradies. Aber der Baum stellt uns vor einige Herausforderungen.

Erstens: Walnüsse in ihrer Holzschale, die wir aus dem Supermarkt kennen, wachsen in einer grünen Schale, die normalerweise schön sauber abspringt, sobald die Nuss zu Boden fällt. Doch seit einigen Jahren wird die Außenschale bei unseren Nüssen schwarz, matschig, klebrig und ist beim genaueren Hinsehen von zahlreichen Maden bewohnt. Es handelt sich um die Nachkommen der Walnussfruchtfliege. Sie stammt aus Nordamerika, hat sich inzwischen über ganz Deutschland ausgebreitet, überwintert im Boden, legt im Frühling ihre Eier in die Blüten und schwirrt dann fröhlich umher. Kein Nussbaum ist vor ihr sicher. Jedes Jahr haben wir eine reiche Nussernte. Doch die Nüsse von dieser schwarzen Außenhaut zu befreien, ist mühsam und wahnsinnig zeitaufwendig. Würden wir es sein lassen und die Nüsse in der schwarzen Matschhülle lassen, würden

die Kerne innendrin verschimmeln und die gesamte Ernte wäre für die Tonne. Gregor hat deshalb im vergangenen Jahr eine Maschine gebaut, mit der wir die Nüsse reinigen können. Das sind zwei harte Bürsten, die, angetrieben von einer starken Bohrmaschine, rotieren und die Nüsse entlang der Wannenwand, an der ein Fußabtreter angebracht ist, sauber schrubben sollen. Weil Gregor gerade monatelang im Ausland ist, habe ich gestern zusammen mit einer meiner patentesten Freundinnen die Maschine ausprobiert. Nüsse in die Wanne, etwas Wasser dazu und die Bohrmaschine angeschmissen. Das Ergebnis: Die Nüsse werden leider nicht vollständig sauber, sodass ich nacharbeiten muss. Meine Sorge ist, dass das Wasser aus der Wanne in die Nüsse eindringen könnte. Dass die Nüsse insgesamt noch schwieriger zu trocknen sind und die ganze Ernte dann erst recht wegschimmelt. Es ist aber auch unpraktisch: Monatelang war es heiß und staubtrocken. Und jetzt, wo die Nüsse fallen, regnet es. Es regnet und regnet und alles steht in Saft und Kraft. Nur das Trocknen klappt nicht mehr.

Zweitens: das Laub der Walnussbäume. Es lässt sich leider nicht so einfach kompostieren und zersetzt sich, ähnlich wie Eichenlaub, erst innerhalb vieler Jahre. Jeden Herbst fällt es in solchen Mengen an, dass wir gar nicht wissen, wohin damit. Würden wir es liegen lassen, würde im Umkreis des Baumes bald nichts mehr wachsen. Denn die Blätter enthalten Gerbsäure und einen Stoff namens Juglon, der sich wachstumshemmend auf andere Pflanzen auswirken soll. Scheint die natürliche Art des Baumes zu sein, sich im Bereich der Baumscheibe Platz zu verschaffen.

Drittens: Der Baum wächst und wächst und seine Äste hängen mittlerweile so tief, dass wir uns bücken müssen, wenn wir zum Haus gehen. Und wenn wir am Gartentisch sitzen, legen sich immer ein paar Zweige und Blätter auf unseren Kopf. Das kann ja ganz dekorativ aussehen, aber ab und zu ist es auch ein bisschen lästig. Wenn wir uns nun aber erdreisten sollten, einen Ast abzusägen, würde uns das der Baum sehr übelnehmen. Er würde wochen- und monatelang aus der Wunde tropfen und den Boden unter sich aufweichen. Bei einem unserer Nachbarn war das der Fall. Nachdem ein Ast abgesägt worden war, wurde der Boden darunter so schlammig und weich, dass der Baum keinen Halt mehr hatte und schließlich umgefallen ist. Und das würden wir ja nicht wollen. Wir lieben ihn doch, unseren Walnussbaum. Er macht sich nur ein bisschen breit. Und kostet uns ein wenig Zeit.

Meine Mutter und Mao Zedong

»Ach, ist das ein herrlicher Überfluss hier!«, sagt mein Kind, als es unter dem Traubendach im Garten meiner Eltern sitzt. Unzählige Früchte verströmen hier einen wunderbaren Duft. Da bekommt man eine Ahnung davon, was mit »abundance« gemeint ist, mit Fülle. Früher hat mein Vater selbst gekeltert, Wein gemacht. Mit einfachsten Mitteln, einer Kinderbadewanne und einem Kartoffelstampfer. Ich mochte den Wein, trotz oder gerade wegen seines ungewöhnlichen Geschmacks. So etwas gab es nirgends zu kaufen. Doch seit mein Vater an Demenz erkrankt ist, ist es vorbei mit dem Wein. Und vorbei mit so vielem. Mein Vater schläft nun die meiste Zeit. Meine Mutter pflegt ihn und kümmert sich um den Garten. Doch über die vielen reifen Trauben scheint sie sich nicht zu freuen. Es stört sie, dass Vögel, Bienen und Nagetiere von ihnen angelockt werden und sie anpicken, anstechen, anbeißen, anlecken. »Sei doch froh, dass es hier noch Bienen gibt«, sage ich. »Wovon sollen sie sich denn sonst ernähren in dieser lebensfeindlichen Gegend, in der alles verbaut, asphaltiert und zugeschottert ist?«

Meine kommunistisch geprägte Mutter hielte es vermutlich gerne so wie Mao Zedong. Der hatte Ende der 1950er-Jahre in China die »Ausrottung der 4 Plagen« angeordnet, eine Massenkampagne, die während des »Großen Sprungs nach vorn« zur landwirtschaftlichen Produktivitätssteigerung beitragen sollte. Die Kampagne richtete sich gegen Ratten, Fliegen, Stechmücken und Spatzen. Vor allem die Spatzen gerieten ins Visier, weil man glaubte, sie fräßen das Getreide von den Feldern. Alle Menschen, selbst die Kinder, wurden dazu aufgefordert, sie zu bekämpfen. Man versuchte, sie mit Steinschleudern zu erlegen. Millionenfach wurden sie zusammengefegt und die Menschen rieben sich zufrieden die Hände. Doch eines hatte man nicht bedacht: Insekten, von denen sich Spatzen ebenfalls ernähren, vernichteten nun die Ernten. Dies war einer der Gründe, warum die Volksrepublik in den frühen 1960er-Jahren eine der größten Hungersnöte seit Menschengedenken erlebte. Mit geschätzten 55 Millionen Todesfällen unter den Menschen. Der fünften großen Plage, könnte man spitzzüngig sagen. Also musste die Chemie Abhilfe schaffen. Massenweise wurden hochgiftige Pestizide auf den Feldern ausgebracht. Mit der Folge, dass die Bienen ausstarben. In Sichuan, der Gegend in Zentralchina, in der sich die meisten Obstplantagen befinden, müssen die Menschen nun ihre Obstbäume selbst bestäuben. Mit Pinseln. Blüte für Blüte. Ein wahnsinniger Aufwand.

Eigentlich müsste im Garten meiner Eltern für alle genug da sein, für die Vögel, die Nager, die Insekten und die Menschen. Das würde dem Prinzip des »Fair Share«, des gerechten Teilens, in der Permakultur entsprechen. Vor allem bei den Bienen kann mensch nicht großzügig genug sein. Ihnen haben wir es schließlich zu verdanken, dass hier überhaupt Trauben wachsen. Doch Freude kommt bei meiner Mutter nicht auf. Höchstens darüber, dass wir nun da sind und beim Verzehren helfen.

Wilder Müll

Unsere Nachbarin und ich haben ein neues Hobby: Gemeinsam mit meiner kleinen Tochter machen wir lange Spaziergänge und sammeln dabei Müll. Wir sind mit Greifern, Gummihandschuhen und großen Plastiktüten ausgerüstet und streifen umher, den Blick zum Boden gerichtet. In unserer Nähe ist ein Wäldchen, das man erreicht, wenn man auf einem Pfad zwischen Schrebergärten und dem Bahndamm entlanggeht. Dort war ich im Sommer oft spazieren und jedes Mal habe ich mich gewundert, wie viel Müll dort herumliegt. Jedes Mal habe ich gesagt, dort müssten wir mal aufräumen, und habe doch immer wieder vergessen, einen Müllbeutel mitzunehmen. Aber heute sind wir dafür ausgerüstet.

Schon am Vortag waren wir hier und haben allerlei zusammengetragen: einen schweren Metalleimer voll Baumaterial, Farbroller, Farbeimer, einen Badvorleger, eine Personenwaage, einen Topfdeckel, jede Menge

Kleider, Windeln, Glasscherben, Plastikmüll und Flaschen. Zwei große Säcke voll. Heute durchstreifen wir den Wald, finden Müll auf Wegen, an Bäumen, im Boden und sammeln alles ein.

Ein Wald ist ein sensibles System und manche Dinge sind einfach unverdaulich. Plastik zum Beispiel. Baut sich nicht ab und zerfällt in kleinste Teilchen, gelangt in den Verdauungstrakt von Tieren, in Flüsse, Meere – die Welt ist voll davon. Weggeworfene Zigarettenstummel finden wir zuhauf. Auf die haben wir es besonders abgesehen. Denn sie sind giftig. Wie sehr, habe ich in einem Erste-Hilfe-Kurs für Babys und Kleinkinder gelernt. Wenn man einen Aschenbecher draußen stehen lässt, er sich mit Regenwasser füllt und ein Kleinkind einen Schluck davon probiert, kann es daran sterben. Und was für ein Kleinkind tödlich ist, ist für Bodenlebewesen sicher auch nicht gerade gesund. Das Gift einer einzelnen Zigarettenkippe kann bis zu 40 Liter Wasser vergiften (andere Quellen nennen gar 60 Liter). Die enthaltenen Stoffe, wie Arsen, Blei, Chrom, Kupfer, Cadmium, Formaldehyd, Benzol, polyzyklische aromatische Kohlenwasserstoffe und das Nervengift Nikotin, gelangen in Gewässer und vergiften Fische sowie andere Wassertiere. Und auf dem Weg dorthin eliminieren sie all die Bodenlebewesen, die ihnen in die Quere kommen.

Zurück auf der Straße türmen wir unsere größeren Fundstücke zu einem hübschen Müllberg auf. Passanten sprechen uns an. Die meisten äußern sich anerkennend, dass wir uns die Mühe machen, aufzuräumen. Ich denke mir insgeheim, dass wir nicht zeigen sollten, dass wir dabei so viel Spaß haben, damit die Menschen in Zukunft nicht mit Absicht noch mehr Müll auf die Straßen werfen, nur um uns eine Freude zu machen ...

Im Internet finde ich den Kontakt zum Ordnungsamt, wo man wilden Müll melden kann. Das Amt leitet die Nachricht an die Stadtreinigung weiter, die den Müll dann abholt. Und tatsächlich: tags darauf ist er weg.

Gärten des Grauens

Eine besondere Gestaltungsform erfreut sich in den letzten Jahren immer größerer Beliebtheit: Gärten aus Kies. Das Phänomen ist vor allem in Vorgärten zu beobachten, dem Bereich, der repräsentativen Zwecken dient.

Um so einen Kiesgarten anzulegen, wird die Steinsorte beim Händler ausgesucht. Der Gartenbaubetrieb kommt dann mit Kran und Bagger und entfernt den Mutterboden. Er legt ein Vlies aus, damit auch ja kein Pflänzlein mehr durchdringt, und schneidet dann Schlitze in die tonnenschweren Säcke, die vom Kran gehalten werden. Und schon ergießt sich das Steinmeer, begräbt alles unter sich und sieht wunderschön grau aus, wie ein Supermarktparkplatz.

Kaum ist ein Steingarten in einer Gegend entstanden, gibt es Nachahmer, und immer mehr Gärten wechseln ihr Kleid von Grün zu Grau. Beliebt ist es auch, seinen Steingarten mit Findlingen, raffiniert geschnittenen Thujen oder: Tieren! zu dekorieren. Tieren aus Stein, Metall, Keramik oder Gips versteht sich, mit etwas Lebendigem scheint man in diesem Fall nichts zu tun haben zu wollen. Auf der Facebook-Seite »Gärten des Grauens« sammelt der Biologe Ulf Soltau Bilder, auf denen mensch diese vom Menschen geschaffenen Kunstlandschaften bewundern kann. Da gibt es Riesenameisen aus Metall zu sehen, die die Hauswand hochklettern, Kinder aus Beton mit echten Hütchen und Mützchen, Gerippe im Vorgarten – und all das jeweils eingebettet in ein liebevoll aufgeschüttetes Kiesbett. Na klar kann man sagen, das seien nur harmlose Geschmacksfragen. In Gärten herrscht schließlich die Freiheit, zu tun

WILLKOMMEN

und zu lassen, was man möchte. Aber ich frage mich, ob diese Freiheit nicht zu weit geht, wenn dabei Lebensräume und Nahrungszugänge für Insekten, Vögel und andere Gartentiere zerstört werden. Wir haben durch Wohnungs- und Straßenbau ohnehin schon das Problem, dass immer mehr Flächen versiegelt werden. Dass Regenwasser nicht versickern kann, dass fruchtbarer Boden verschwindet. In Kiesgärten trägt man ganz ohne Not zu dieser Entwicklung bei. Und gerade bei unseren immer heißeren Sommern ist es unheimlich kontraproduktiv, Steingärten zu haben, die sich aufheizen, anstatt zur Kühlung beizutragen.

Warum entscheidet man sich also dafür? Viele Menschen, die ihre Vorgärten so gestalten, möchten sich laut Umfragen nicht dem Vorwurf aussetzen, einen ungepflegten Garten zu haben. Die Vorteile von Kiesgärten liegen vermeintlich klar auf der Hand. Man braucht nicht zu mähen, nicht zu jäten, kein Laub zu harken. Man wird nicht von lästigem Ungeziefer geplagt. Man behält die Kontrolle.

Doch stimmt das wirklich? Tatsächlich macht laut dem Naturschutzbund NABU ein Kiesgarten genauso viel Arbeit wie ein herkömmlicher Garten. Kies setzt nämlich mit der Zeit Algen an und sieht bald nicht mehr schön aus. Dann wird er vom Gartenbaubetrieb eingesammelt, kostenintensiv und energieaufwendig gereinigt und erneut ausgebracht. Um unerwünschtes Pflanzenwachstum zu vermeiden, wird in Kiesgärten außerdem regelmäßig zum Unkrautvernichter Glyphosat gegriffen.

In Baden-Württemberg wurden Kiesgärten inzwischen verboten. Und zwar als Teil eines Gesetzespakets zur Stärkung der Biodiversität, das 2020 vom Landtag verabschiedet wurde. Es ging aus dem Volksbegehren »Rettet die Bienen« hervor. Auch in anderen Teilen Deutschlands wird der Ruf nach einem Verbot dieser Form von Steingärten immer lauter. Bleibt zu hoffen, dass diese Gärten wieder weniger werden.

ZeitNot
WohlStand

현 제

Entfremdung

Der Begriff der Entfremdung ist sehr alt. Schon Aristoteles hat ihn genutzt und nach ihm eine ganze Reihe von Philosophen, die ihm, je nach der Zeit, in der sie wirkten, und dem Standpunkt, den sie vertraten, eine immer andere Ausrichtung gaben. Für Karl Marx diente »Entfremdung« als zentraler Kritikbegriff am Kapitalismus. Marx beobachtete, dass den Arbeitenden durch die industrielle Zergliederung der Produktionsabläufe der Überblick über das große Ganze verloren ging. Sie hatten keinen Bezug mehr zu dem, was sie herstellten. Um in den Fabriken zu arbeiten, zogen die Menschen vom Land in die Städte. Dadurch verloren sie ihre verwandtschaftlichen und nachbarschaftlichen Bindungen. In ihrer neuen Umgebung waren sie der Entfremdung ausgeliefert. Der Entfremdung gegenüber anderen und gegenüber sich selbst. Der Entfremdung gegenüber dem, was sie taten, und gegenüber dem, was sie nutzten.

Entfremdung prägt unsere Wirklichkeit auch heute. Die meisten Menschen können nicht mehr nachvollziehen, welche Methoden für Extraktion von Rohstoffen, Produktion von Waren, Herstellung von Nahrungsmitteln zum Einsatz kommen, welche Transportwege und Lieferketten dafür nötig sind, welches Leid damit verbunden ist. Und wenn sie es erfahren, dann ist dieses Wissen oft so unangenehm, dass sie es lieber verdrängen.

Nicht nur die Industrialisierung, auch die Individualisierung hat einen großen Anteil an der Entfremdung, die Menschen heute erleben. Viele empfinden sich nicht mehr als beziehungsfähig. Die Entfremdung des

Menschen von der Natur wird für eine Vielzahl von psychischen Störungen verantwortlich gemacht. Forschende stellten Mitte der 1990er-Jahre fest, dass manche Kinder – in Ermangelung an Erfahrungen mit echten Tieren – Enten gelb und Kühe lila malten. Sie nannten dieses Phänomen »Natur-Defizit-Syndrom«. Nicht nur durch Werbung, auch durch Bücher oder Filme würde Kindern ein idealisiertes, verniedlichtes Naturidyll vermittelt, das nichts mit der Wirklichkeit zu tun habe. Und dazu ein Naturbild, in dem der Mensch so gut wie nichts mehr verloren habe.

Als Gegenmaßnahme zur Entfremdung schlägt die philosophische Strömung des »Primitivismus« ein »einfaches Leben« für die gesamte Gesellschaft vor. Damit wird die Rückkehr zu vor-industriellen oder gar vor-landwirtschaftlichen Lebens- und Produktionsverhältnissen angestrebt. Das klingt angesichts der wachsenden Erdbevölkerung und schrumpfenden Bodenfruchtbarkeit doch sehr naiv. Vor allem klingt es nach dem Mann, der der Gesellschaft den Rücken zukehrt und in eine einsame Hütte im Wald zieht. Und der sich ab und zu ein Reh oder ein Mammut schießen muss, um nicht zu verhungern.

Ich denke, dass der Entfremdung auch ganz anders begegnet werden könnte. Durch die Gründung von Kollektiven, Kooperativen, Kommunen, um gemeinsam, statt einsam zu sein. Durch Subsistenzwirtschaft, bei der die Dinge, die zum täglichen Überleben gebraucht werden, selbst hergestellt werden. Durch solidarische Landwirtschaft, bei der nicht nur das finanzielle Risiko, sondern auch die Arbeit und später der Ertrag geteilt werden. Durch Gemeinschaftsgärten, Repair-Cafés oder andere Interessensgemeinschaften, bei denen man Erfahrungen, Wissen und Hilfsbereitschaft austauschen kann. Es gibt unzählige Beispiele, wo solche Dinge bereits erprobt und gelebt werden. Und es werden immer mehr. Das stimmt mich hoffnungsfroh.

Rückblick

Meine Kindheit habe ich in Rumänien verbracht, einem Land, das damals eine kommunistisch regierte Diktatur war. Das von Genosse Ceauşescu beherrscht wurde, einem Despoten, der seine Staatsschulden sowie die Kosten für seinen riesigen Palast in Bukarest damit auszugleichen versuchte, indem er sein Volk hungern ließ. Es gab so gut wie nichts zu kaufen, die Regale in den Lebensmittelläden waren leer. Wir lebten auf dem Land und konnten uns selbst versorgen. Oder mussten es, gezwungenermaßen.

Neben einem großen Garten mit Obstbäumen und Nussbäumen sowie Gemüsebeeten und Beerensträuchern hatten wir: zwei Schweine, 120 Kaninchen, 30 Hühner, zwei Katzen und einen Hund. Meine Eltern waren beide berufstätig und wenn sie von der Arbeit kamen, kümmerten sie sich um alles Lebensnotwendige. In der Zwischenzeit mussten wir Kinder einige Aufgaben übernehmen: frisches Gras für die Kaninchen pflücken, Schweine, Hund und Katzen füttern, Eier suchen, »Unkraut« jäten und bei der Ernte helfen. Und – Regenwürmer aus der Erde in kleinen Eimern sammeln und sie den Hühnern zum Fressen hinwerfen. Letzteres finde ich sehr befremdlich, seit ich weiß, wie wertvoll ein Regenwurm ist.

Wenn unsere Eltern sonntags schlachteten, sahen wir zu. Dann gab es zum Frühstück das gebratene Blut und die Leber eines Tieres, das eben noch quicklebendig über die Wiese gehoppelt war. Und? Warum erzähle ich das alles? Weil es eben einen Unterschied macht, ob man zu

190

der Pflanze oder dem Tier, das man auf dem Teller hat, eine Beziehung hatte oder nicht. Ob man weiß, wie sie oder es gelebt hat. Ob man ihren oder seinen Namen kennt. Bei uns war es ganz klar: Die Hasen hießen Hans, die Hühner Hannelore und die Schweine Hektor. Wir lebten mit ihnen, begrüßten sie am Morgen und verabschiedeten uns, wenn wir uns schlafen legten. Und wir verwerteten alles von ihnen: Blüten, Früchte, Samen und Wurzeln. Fleisch, Innereien, Knochen, Federn und Fell.

Das Eingebunden-Sein in die Agrarwirtschaft betraf aber nicht nur Familien, die auf dem Land lebten. Es konnte alle betreffen. Oder besser gesagt: treffen. Zur Erntezeit konnte es für Schülerinnen und Schüler, die morgens in die Schule kamen, heißen: »Heute, liebe Kinder, machen wir keine Schule, wir gehen aufs Feld und ernten Kartoffeln.« Doch nicht nur sie wurden zu unfreiwilligen Erntehelfern, auch in den Betrieben wurden alle Mitarbeitenden dazu aufgefordert, ihren Beitrag zur Nahrungssicherung zu leisten. Alle. Kommunismus eben.

Ich bin dankbar für die Erfahrungen, die ich in meiner Kindheit machen konnte. Sie haben mir eine gewisse Verbundenheit zum Erdigen geschenkt, die bis heute anhält. Doch damals war sicherlich nicht alles besser. Nur knapper. Und knapper heißt manchmal einfach: wertvoller.

Zeit für Sorge: Fürsorge

Vom Boden lerne ich, dass Dinge Zeit brauchen. An Zeit scheint es heutzutage allen zu mangeln. Durch Arbeit und Familie. Durch Computer, Smartphones, Hobbys, Fernsehen oder was weiß ich. Dabei haben wir so viele Helferlein im Haushalt, Maschinen und Geräte, die uns die Arbeit abnehmen. Schon komisch. Die Menschen früher mussten mehr tun, um das Lebensnotwendige zu schaffen, und hatten mehr Zeit. Würden wir uns aus unseren Verpflichtungen und Gewohnheiten lösen, könnten wir Zeit schaffen für das Wesentliche. Zum Wesentlichen gehört die Pflege des Bodens.

Ein herkömmlicher Kompost braucht bis zu seiner Reife zwischen einem Jahr und drei Jahren. Eine Heißrotte braucht drei Monate im Sommer, sechs Monate im Winter. Der Aufbau von einem Zentimeter Humus in der Natur dauert hundert Jahre. Haben wir überhaupt noch so viel Zeit? Was ist mit dem Zeitfenster, das wegen der sich anbahnenden Klimakatastrophe immer kleiner wird und schnelles Handeln immer dringlicher macht? Was passiert mit den Gebieten der Erde, die bereits unfruchtbar geworden sind? Wie kann die wachsende Zahl der Menschen auf diesem Planeten weiterhin ernährt werden?

»Zeit ist nicht gegeben. Es ist nicht so, dass wir Zeit haben oder nicht haben, sondern dass wir sie durch unsere Praktiken selbst machen«, schreibt Sally Wyatt in »Making Time and Taking Time«.

Wenn die Pflege des Bodens erwogen werde, so Mariá Puig de la Bellacasa in ihrem Essay »Making time for soil«, dann mit dem Ziel, seine

Effizienz für die Nahrungsmittelproduktion zu steigern. Davon profitiere allein der Mensch, und das auf Kosten aller anderen Lebewesen. Zu unserer imperialen Lebensweise (Ulrich Brand, Markus Wissen) gehört es, unseren eigenen Lebensstandard auf Kosten anderer aufrecht zu erhalten. Anderer, die für unsere Ausbeute ausgebeutet werden.

In der Straße, in der wir leben, stehen montagmorgens die Biotonnen zur Abholung bereit. Vor beinahe jedem Haus. Allein daran kann man erkennen, wie wenige Menschen sich hier die Zeit nehmen, den Boden zu pflegen. Denn würden sie es tun, dann hätten sie die wertvolle Biomasse nicht zu verschenken. Die Abwesenheit von Biomasse in den Gärten dieser Gegend reißt Löcher in das Nahrungsnetz des Bodens. Diese Löcher werden gestopft mit Erde, die man in Plastiksäcken kaufen kann.

Wie wäre es mit Zeitwohlstand anstatt mit materiellem Wohlstand? Den könnte man erreichen, indem man die durchschnittliche Arbeitszeit radikal kürzen oder ein bedingungsloses Grundeinkommen einführen würde. Wenn wir es uns leisten könnten, allem, was uns umgibt, die nötige Pflege und Fürsorge angedeihen zu lassen, hätten wir vermutlich das, was wir zum Leben brauchen. Was uns fehlt oder was wir zu viel hätten, könnten wir tauschen. Wir könnten uns gegenseitig helfen, hätten Zeit für unsere Beziehungen, für unsere Kinder, für unsere älteren Angehörigen, für unsere Pflanzen, unsere Tiere und unseren Boden. Wir würden weniger Emissionen erzeugen und uns einer besseren Gesundheit erfreuen. Wie das gehen soll? Das müssten wir erarbeiten. Dafür brauchen wir ein bisschen Zeit.

BeziehungsPflege

Resonanz

In seiner Analyse der modernen kapitalistischen Gesellschaft stellt der Soziologe Hartmut Rosa fest, dass die Steigerungs- und Wachstumslogik, die in Wirtschaft und Politik vorherrscht, auch im Individuum wiederzufinden ist. Rosa zufolge strebt der Mensch danach, seine Reichweite in der Welt zu vergrößern. Danach, mehr zu wissen, mehr zu haben, weitere Wege zurückzulegen, mehr Welt zu erfassen. Dieses Streben setzt laut Rosa eine Dynamisierung in Gang. Die Folge davon ist Desynchronisation: Die Finanzmärkte arbeiten so schnell, dass der menschliche Verstand ihren Transaktionen nicht mehr folgen kann. Die Realökonomie von Gütern und Dienstleistungen ist mittelschnell unterwegs, die Natur hingegen ist langsam. Sie schafft es nicht, in derselben Geschwindigkeit Bäume, Fische oder Erdöl zu reproduzieren, wie wir Menschen sie verbrauchen. Und sie kann Giftstoffe nicht in dem Maße abbauen, wie wir sie ihr zumuten. Es kommt zur ökologischen Krise. Dazu gesellt sich laut Rosa die Demokratiekrise, denn Demokratie ist ebenfalls ein zeitaufwendiger Prozess. Und es kommt zur psychischen Krise, denn analog dazu, wie der Ressourcenverbrauch in der Wirtschaft an planetare Grenzen stößt, gelangt auch der Mensch an die Grenze seiner psychischen Belastbarkeit. Von Entfremdung beherrscht, stellen wir fest, dass die Welt in dem Maße zurückweicht, in dem wir versuchen, uns ihr zu nähern, sie zu kontrollieren, sie uns anzueignen.

Um ein anderes Weltverhältnis zu entwickeln, schlägt Rosa deshalb vor, mit Lebewesen, Dingen oder Ereignissen in Resonanz zu treten.

Einen Impuls vom anderen zu empfangen und darauf zu antworten. Resonanz bedeutet: offen zu sein für das Unvorhersehbare. Offen dafür, was dabei herauskommt. Wenn man in Resonanz geht, lässt man sich berühren. Ist verletzlich. Resonanz ist nur unter besonderen Bedingungen möglich und lässt sich nicht willentlich herstellen. Und nicht steigern. Aber, und das ist das Entscheidende: Sie verändert einen.

Die Erfahrung von Resonanz stelle ich mir so vor, als würde ich mich Hals über Kopf verlieben. Von so einem Gefühl kann ich überwältigt und aus meinen Routinen geschleudert werden. Gut möglich, dass mir das nicht in den Kram passt. Dass es mir sogar Angst macht. Trotzdem finde ich die Vorstellung davon sehr aufregend und attraktiv. Ein sensationelles Ereignis. Eines, das lebensverändernd sein kann. Die Liebe muss sich dabei nicht zwangsläufig auf einen anderen Menschen richten. Sie kann auch eine Tätigkeit betreffen, Lebewesen anderer Art, etwas Immaterielles, wie Musik, oder etwas Materielles, wie Kompost.

Wenn wir Hartmut Rosa so weit folgen wollen, können wir uns überlegen, wie die Bedingungen aussehen müssten, die Resonanzerfahrungen möglich machen. Ich denke, dass dafür eine gewisse zeitliche Entspanntheit nötig ist. Ein Innehalten. Statt immer mehr und immer schneller, könnte es dann heißen: genug! Für dieses Genug gibt es ein schönes Konzept. Es lautet: Suffizienz. Es impliziert eine Veränderung hin zu mehr Mäßigung und zum Verzicht auf Überflüssiges. Ziel ist ein ressourcenschonendes Verhalten, ohne dabei Wesentlichem zu entsagen. Im Gegenteil: Ein großer Gewinn ist zu erwarten, nämlich der von Zeit, Ruhe und Aufmerksamkeit. Diese können genutzt werden, das »Gute Leben« zu verwirklichen, indem mehr Wert auf Genuss, auf soziales Miteinander, Stille und Konzentration gelegt wird, was letztlich dem physischen und psychischen Wohlbefinden aller Beteiligten zugutekommt.

Sich verwandt machen

»Make kin, not babies«, lautet eine Kernbotschaft in Donna Haraways Buch »Unruhig bleiben«. Mit diesem Slogan ruft die Biologin, Philosophin, Wissenschaftshistorikerin, Feministin und emeritierte Professorin einerseits dazu auf, Wahlverwandtschaften einzugehen, und andererseits, auf die eigene Fortpflanzung zu verzichten. Haraway stand für diesen Vorschlag in der Kritik, denn Überbevölkerung, die als Problem angesehen wird, hat eine lange Geschichte von Rassismus, Kolonialismus und Völkermord. In ihrem Buch schlägt Donna Haraway jedoch vor, gegen Rassismus und rigide Einwanderungspolitik zu kämpfen, denn in diesen Zeiten der ökologischen Krise sei es sowohl für Menschen als auch für andere Lebewesen immer schwieriger, Zufluchtsorte zu finden. Sie schlägt vor, sich für gefährdete Arten einzusetzen. Um die Verlorenen zu trauern. Sich gegenseitig bei der Aufzucht des Nachwuchses zu helfen. Und zwar jeglicher Art und jeglicher Herkunft. Die neuen Verwandtschaften (kin) werden, Haraway zufolge, durch eine Beziehung der Fürsorge (care) gepflegt.

Der englische Begriff »care« ist schwer zu übersetzen, weil kein deutsches Wort so gut trifft. Gemeinhin wird »care« mit »Sorge«, »Fürsorge« oder »Pflege« übersetzt. Aber der einfache Satz: »I care« lässt sich damit nicht erfassen. Vielleicht ist eine passendere Entsprechung das »Kümmern«. Ich kümmere mich. Es kümmert mich. Es bekümmert mich.

So wie ich den Slogan »Make kin, not babies« verstehe, geht es Haraway in erster Linie darum, dass wir Menschen uns nicht mehr nur um

uns selbst kümmern sollten. Dass wir die Aufmerksamkeit, Sorge und Pflege, die wir unseren eigenen Nachkommen angedeihen lassen, auch anderen Lebewesen zugestehen sollten. Dass wir über den Tellerrand der eigenen Blutsverwandtschaft hinausschauen und begreifen sollten, dass wir Erdverbundene in gewisser Weise alle miteinander verwandt sind. Dass wir Menschen, obwohl wir von diesem Ideal noch sehr weit entfernt sind, untereinander gleichwertig und gleichberechtigt sein sollten. Dass wir die Spinnen, Schnecken, Asseln, Springschwänze, Trompetentierchen, Tausendfüßer, Fadenwürmer, Mikroorganismen und Tausende andere Arten aus dem Kompost des großen Ganzen zu unserer Familie zählen sollten. Nicht zu vergessen die unzähligen Pflanzen und Pilze, Algen, Korallen und alles Lebendige, was uns umgibt. Ja, unsere Familie ist größer, als wir dachten. Sie ist artenübergreifend und weltumspannend.

Der Posthumanismus lehrt uns, dass menschlicher Exzeptionalismus, also der Glaube daran, als Mensch nicht nur einzigartig, sondern anderen Arten überlegen zu sein, unangebracht ist. Und dass wir uns von anderen Spezies nicht durch den Gebrauch von Werkzeugen, sondern höchstens durch ein auf Medien ausgelagertes Gedächtnis, eine auf Medien ausgelagerte Geschichte unterscheiden. Wer weiß, ob diese Medien, von Höhlenmalereien über Steintafeln mit Keilschrift, Denkmäler, Bücher und Festplatten bis zu Mikrochips, nicht eines Tages das Zeugnis unserer einstigen Existenz sein werden. Kryptisch und nicht entschlüsselbar für andere Lebensformen. Und vielleicht noch nicht einmal von Interesse ... Who cares? Wen kümmert es?

Eine Art Erdfest

Heute ist ein so wunderbarer, warmer und sonniger Tag. Einer der Tage, die es Ende Oktober nur noch selten gibt. Die Blätter unseres Walnussbaumes leuchten goldgelb und man kann ohne Jacke draußen sein. Ich habe ein paar Freundinnen und Freunde eingeladen. Wir wollen zusammen eine neue Heißrotte aufbauen. Vorher habe ich alle nötigen Bestandteile gesammelt und zurechtgelegt. Wir müssen also nur noch puzzeln. Was zuerst? Grünes. Und dann: Braunes. Dann: Küchenabfälle. Danach Holziges. Nach dem Holzigen: Reste von Tieren. Ham' wer nich. Will jemand Nägel schneiden? Oder Haare? Könnten wir jetzt brauchen. Nein? Dann nehmen wir eben Hornspäne. Danach Urgesteinsmehl, Pappe und darauf: Kompost. Obendrauf noch ein paar Tröpflein Kräuterelixier aus sieben Wildkräutern. Das Ganze fünfmal hintereinander und immer wieder die Frage: »Was als Nächstes?« Wässern nicht vergessen! Wir betrachten unser Werk, das etwas steil und spitz geraten ist, und taufen es auf den Namen »Iggyziggy«.

Puh, geschafft! Pause. Gregor hat Kürbissuppe gekocht aus einem der Kürbisse, die auf unserem Gartenkompost gewachsen sind. Vom Kompost in den Kürbis und dann in unseren Magen. Und die Kürbisblätter auf den neuen Kompost. Ein schöner Kreislauf. Danach: Topinambur-Ernte. Mit Grabegabel und bloßen Händen sind alle eifrig dabei, in der Erde zu wühlen. So ein gemeinsamer, produktiver und aktiver Tag tut richtig gut.

Während wir den Tag bei einem Glas Wein am Lagerfeuer ausklingen lassen, denke ich: Wir haben eine Art kleines Erdfest gefeiert.

Die 2018 ins Leben gerufene »erdfest-Initiative« findet alljährlich zur Sommersonnenwende statt. Jede und jeder Interessierte kann ein Erdfest ausrichten oder an einem teilnehmen. Erdfeste finden an vielen verschiedenen Orten gleichzeitig statt. Sie bilden ein neues Ritual, vielleicht eine neue Tradition, die die Wertschätzung für Boden ins Zentrum rückt. Es geht darum, ins Handeln zu kommen, eigene Erfahrungen mit der Natur zu machen, emotionale Beziehungen zu knüpfen. Denn für Verhaltensänderung reicht es nicht aus, zu wissen. Man muss auch tun.

Unser kleines Erdfest hat nun nicht im Juni, sondern im Oktober stattgefunden. Aber das macht nichts. Erdfeste sollte es zu jeder Jahreszeit geben. Sie erden einen so schön.

Winterschlaf

Unser Garten sieht inzwischen aus wie ein großes Experimentierfeld. Und das ist er auch. Ich bereite den Boden für das kommende Jahr vor. Um es etwas systematischer zu gestalten, habe ich die Fläche in verschiedene Bereiche unterteilt. Zunächst habe ich Bongodongo, unsere erste Heißrotte, gesiebt. Seine gut gelungene Komposterde habe ich mit Gartenerde gemischt und auf zwei Beeten verteilt. Eine Mulchdecke aus Haselnussblättern und Topinambur-Stängeln darauf – und ab in den Winterschlaf. Auf andere Beete habe ich Gründüngung gesät, Winterroggen, Gelbsenf und Feldsalat. Lupinensamen stecken auch im Boden und werden sich spätestens im Frühling als Pflanzen zeigen. Meine weiteren Versuche: fermentierte Gemüsereste zu verbuddeln im Bokashi-Stil – also Küchenabfälle direkt als Mulch auf ein Beet zu werfen. Die sollen dort von selbst kompostieren. Mal sehen, ob sie es tun. Momentan liegen sie nur rum und werden durch die Kälte konserviert. Dann habe ich Setzlinge in die Erde gesteckt, um Sträucher zu vermehren: Johannisbeeren und Stachelbeeren. Ein Fass voll Terra-Preta-Substrat steht in unserem Heizungsraum und fermentiert vor sich hin. Und die neue Heißrotte habe ich noch mal gewendet. Die hat vielleicht gedampft!

Mit dem Ausprobieren sind wir noch längst nicht fertig. Und die Ergebnisse unserer Experimente lassen sich frühestens in der kommenden Erntesaison beurteilen. Masanobu Fukuoka, der japanische Bauer und Philosoph, brauchte zwanzig Jahre, um herauszufinden, was für seine Felder am besten funktioniert. Er wurde dabei zum Meister des Unterlassens. Er ließ es bleiben, Beikräuter zu entfernen, Schädlingsbekämpfungsmittel zu nutzen, verzichtete auf Dünger, Kompost und auf den Einsatz von Maschinen. Seine Ernteerträge ließen sich aber sehr wohl mit denen aus der konventionellen Landwirtschaft messen. Wenn wir mehr Erfahrung haben und wissen, was bei uns gut funktioniert, werden auch wir uns fragen: »Was können wir sein lassen?« Wir nähern uns dem DIWY, dem »Do it without yourself«.

Es ist kalt geworden. Früh wird es dunkel, nie richtig hell. In unseren Garten kommt regelmäßig ein Eichhörnchen und sucht nach Nüssen. Krähen, Elstern, ein Zaunkönig und Kohlmeisen flattern herum. Wir haben uns ins Haus verzogen. Und kriegen Besuch von einer Spitzmaus, die mir nachts durch ihr Getrappel und Gefiepe den Schlaf raubt. Wir fangen sie in einer Lebendfalle und bringen sie in den Wald. Lassen sie frei neben dem großen Gemeinschaftskomposthaufen einer

Kleingartenanlage. Doch sie kommt wieder (oder eine Artgenossin von ihr). Niedlich ist sie und eine Einzelgängerin. Gar keine richtige Maus, sondern mit Igel und Maulwurf verwandt. Weil es draußen so kalt ist, tut sie uns leid, und wir gewähren ihr noch ein paar Tage Unterschlupf. Wir fänden es traurig, wenn sie erfrieren würde. Aber dauerhaft kann sie nicht bei uns bleiben. Zumindest nicht im Haus.

Ich bin neugierig und schaue nach, was aus unserer zweiten Heißrotte, aus Iggyziggy, geworden ist. Vorsichtig schiebe ich ein paar schützende Walnussblätter zur Seite. Und entdecke: lauter Lebewesen. Unter jedem Blatt krabbelt und kriecht es. Mein Herz schlägt höher. Ist das womöglich eine Resonanzerfahrung? Ich erkenne Regenwürmer, Tausendfüßer und andere kleinere Würmer mit Beinen und kleinen Hörnchen am Kopf. Sind das überhaupt Würmer, wenn sie Beine haben? Aus mir ist offensichtlich keine Biologin geworden. Aber eine Wertschätzende. Und Staunende. Das Leben gedeiht in unserem Garten. Und das ist gut so.

Behältnis für das Behaltene

Nun haben wir den Zyklus eines Jahres durchlaufen. Auch wenn ich vieles probiert, viel gelesen, viel nachgedacht habe, habe ich das Gefühl, so wenig zu begreifen. Als hätte ich nur an der Oberfläche gekratzt, den Teppich nur ein Stück weit angehoben. Darunter ist noch so viel mehr. Es geht noch sehr viel tiefer, verzweigt sich tausendfach, sprießt hervor, an ungeahnten Stellen, gedeiht oder verwandelt sich, ist nie am Ende. Diese Textsammlung erhebt daher weder methodisch noch thematisch einen Anspruch auf Vollständigkeit. Im Gegenteil: Sie ist erweiterbar, mit anderen Erfahrungen und Perspektiven, mit anderen Vorstellungen und Visionen. So viele lose Fäden warten darauf, verknüpft zu werden.

In ihrem Essay »Die Tragetaschentheorie der Fiktion« schreibt Ursula K. Le Guin, dass sie die Abenteuergeschichten vom Jagen und Erlegen gründlich satt habe und sich stattdessen Geschichten wünsche, die unspektakulärer, prozesshafter, zyklischer und friedvoller wären. Geschichten, die man sammeln könne, in einer Schale, einem Netz oder einem Beutel, Geschichten, in denen Babys und Kleinkinder vorkämen. Denn eine Tragetasche und nicht eine Waffe sei vermutlich das erste Werkzeug des Menschen gewesen. Wie sonst hätte man den wilden Hafer oder die Samen oder die Wurzelknollen nach Hause tragen können, die man gefunden, gepflückt, gesammelt oder ausgegraben hatte? Die Geschichten, die man über das Sammeln erzählen könne, entbehrten allerdings der Dramatik, die Erzählungen über das Erlegen eines Mammuts hätten. Oder des Kämpfens, des Abstechens, des Totschlagens. Nur: Letztere hätten sich in unserer Kultur breitgemacht, weil sie was hermachten.

Le Guin ruft dazu auf, »das zu beschreiben, was passiert, was Leute tun und fühlen, wie Menschen sich zu allem anderen in diesem riesigen Sack Befindlichen in Beziehung setzen«. Anna Lowenhaupt Tsing ergänzt in ihrem Buch »Der Pilz am Ende der Welt«: »Bei dieser Art des Geschichtenerzählens sollten die Geschichten nie enden, sondern zu weiteren Geschichten führen.« So kann man Geschichten über die Beziehung zwischen Mensch und Boden wie wertvolle Dinge sammeln. Um sie zu teilen, sich daran zu erfreuen. Um ihnen nachzueifern. Um sich Mut machen zu lassen. Um optimistisch zu bleiben. Oder um es zu werden.

Selber
machen

Heißrotte

Eine Heißrotte wird aufgebaut, wenn sich mindestens ein Kubikmeter organische Abfälle aus Garten und Küche angesammelt haben. Zunächst baut man eine Drainage aus Ästen und Zweigen auf der Grundfläche der zukünftigen Heißrotte, etwa 1 × 1 Meter, gerne auch breiter. Die folgenden Materialien (siehe Seite 116) werden in Schichten aufgebaut und dabei immer wieder gewässert. Nicht alle sind zwingend notwendig. Wichtig ist, dass sich frische (grüne oder bunte) Bestandteile mit getrockneten (braunen) Materialien abwechseln.

Diese Materialien (Schicht 1 bis Schicht 9) werden jeweils vier- bis fünfmal übereinander geschichtet, die Schichten werden leicht durchgemischt und mit Regenwasser gegossen, bis der ganze Haufen etwa einen Meter hoch ist. Der Haufen wird von allen Seiten mit Gartenerde bestreut und dann mit einem Dämmmaterial wie einer alten Decke, Laub oder Heu bedeckt. Durch die Aktivität der Mikroorganismen steigt die Temperatur im Heißkompost stark an und erreicht nach etwa zwei Tagen 60 bis 70 Grad Celsius. Die Temperatur lässt sich mit einem Bratenthermometer messen. Sollte die Heißrotte diese Temperatur nicht entwickeln, kann sie noch einmal umgeschichtet und gewässert werden. Nach etwa einer Woche können die Dämmmaterialien entfernt werden. Dann legt man eine Strohmatte zur Belüftung über den Heißkompost und kann das Ganze mit einer Kunststoffplane zudecken. In den Sommermonaten dauert es etwa drei Monate, im Winter sechs Monate, bis man Komposterde ernten kann.

Diese Schichten folgen in einer Heißrotte aufeinander

1. frische Gartenreste (Rasenschnitt, grüne Kräuter, Stiele und Blätter, bunte Blüten und Früchte, Wurzeln, Heu)
2. alte Gartenreste (braune Kräuter, Stiele, Blätter, Blüten, Früchte)
3. Küchenreste (Reste von Obst und Gemüse, Tee und Kaffee, Eierschalen)
4. holziges Material (Zweige und Äste, möglichst fein zerkleinert oder gehäckselt, Holzspäne, Stroh)
5. (optional): Reste von Tieren (Tierdung, Haare und Nägel, Hornspäne oder Hornmehl)
6. Gesteinsmehle (Tonminerale wie Bentonit, Urgesteinsmehl, gegebenenfalls Kalk, falls viel Säurehaltiges wie Kaffeesatz beigegeben wird)
7. technische Produkte (Pappe, Papier, Eierkartons, unbehandelte Naturfasern, Textilien)
8. Erde oder Kompost (Gartenerde, fertiger Kompost oder Siebreste)
9. Kräuterextrakt (selbst gemacht aus: Baldrian, Brennnessel, Kamille, Löwenzahn, Schafgarbe, Eichenrinde und Honig, einen Tag vorher mit Regenwasser aufgegossen)

Gartenkompost

Ein Gartenkompost besteht aus zwei bis drei Mieten, in denen Kompost in verschiedenen Reifegraden liegt. Für eine Miete werden auf eine Drainage aus Ästen und Zweigen Reste aus Garten und Küche geschichtet: möglichst gut zerkleinert, nicht zu viel von einer Sorte auf einmal. Fallen große Mengen an, empfiehlt es sich, sie auf mehrere Mieten zu verteilen oder für eine Heißkompostierung aufzubewahren. Dieser Dauerkompost muss regelmäßig gewässert werden. Einmal bis zweimal im Jahr soll er von einer Miete in die andere umgesetzt werden. Dabei wird er belüftet, sodass anaerobe Prozesse (Gärung, Fäulnis) eingedämmt werden.

Frische Wurzeln von unerwünschten Wurzelbeikräutern (zum Beispiel von Quecke, Giersch, Winde) sowie Samenstände von unerwünschten Kräutern sollten lieber in die Heißrotte gegeben werden als auf den Kompost. Der frische krautige Aufwuchs dieser Pflanzen kann dagegen problemlos kompostiert werden. Rasenschnitt sollte man etwas trocknen lassen, bevor man ihn zum Kompost gibt, sonst kann Fäulnis entstehen.

Gut kompostierbar

- Küchenabfälle, inklusive Kaffeesatz und Teereste, zerkleinerte Eierschalen, Zitrusfrüchte und Bananenschalen, wenn sie aus biologischem Anbau stammen (sehr wichtig, sie zu zerkleinern!), auch Fauliges, Verschimmeltes, Giftiges, Fallobst und Kastanien

- frische und trockene Gartenabfälle
- Pappe und Papier (kein Hochglanzpapier), Papierservietten, Küchenpapier (ohne Putzmittel, ohne Verschmutzungen durch Chemikalien)
- Federn, Tierhaare, Wolle
- Urgesteinsmehl
- Gartenerde, auch Blumenerde und ausrangierte Topfpflanzen
- Sägespäne und Sägemehl von unbehandeltem Holz
- Brennnesseljauche, Effektive Mikroorganismen (als Kompostbeschleuniger), Hefe
- Mist von pflanzenfressenden Kleintieren und Einstreu aus deren Fürsorge (zum Beispiel von Kaninchen, Stallhasen, Hamstern, Meerschweinchen)

Nur in kleinen Mengen zum Kompost

- Nussschalen
- Holziges (am besten gut zerkleinert)
- Laub von Walnüssen, Eichen und Buchen
(es verrottet sehr langsam)
- Schnittblumen aus dem Blumenladen
- Pflanzen und Pflanzenteile, die von weniger gefährlichen Krankheiten befallen sind (zum Beispiel Blattfleckenkrankheiten, Rost wie Birnengitterrost, Schorf wie er an Äpfeln oder Birnen auftritt, Mehltau, Moniliafruchtfäule, Sternrußtau an Rosen, Moniliaspitzendürre, Grauschimmel, Braunfäule, Rotpustelkrankheit)
- Geflügelmist (gut abgelagert)

- Speisereste, nur schwach salzig, inklusive Brot, Milchprodukten und gegarten Speisen, auch verdorbene Speisereste sowie sehr klein geschnittene Reste von Käse, Fleisch und Fisch

Für den Kompost tabu

- Kohlenasche und Holzasche von behandeltem Holz
- Zigarettenasche
- Knochen, synthetische Käserinde und Wurstpelle
- große Stücke von Käse, Fleisch und Fisch, stark gesalzene Lebensmittel
- größere Mengen gewachster Zitrusschalen
- Pflanzen und Pflanzenreste, die von schwer zu bekämpfenden Krankheiten befallen sind (zum Beispiel Kohlhernie, Tomaten und Kartoffeln mit Kraut-und-Knollenfäule-Befall, Gemüse mit Sclerotinia-Pilzbefall, Triebe von Himbeeren und Brombeeren mit Rutekrankheit, Pflanzen, die von Welkekrankheiten und Auflaufkrankheiten betroffen sind)
- nicht verrottbare Materialien wie Steine, Tonscherben, Glasscherben, Bauschutt, Metallteile, Kunststoffe
- potentiell mit Schadstoffen belastete Materialien wie Hochglanzpapier, lackiertes Holz, Textilien, benutzte Papiertaschentücher
- Speiseöle, Speisefette, Altöl, Kerzenreste aus Stearin oder Paraffin
- Kot von Katzen und Hunden, Straßenkehricht, Staubsaugerbeutel und deren Inhalt

Wurmkiste

Eine Wurmkiste dient als Kompostalternative für Menschen, die keinen Garten haben. Eine spezielle Holzkiste, die man auch selbst bauen kann, wird in der Wohnung oder, wenn es warm genug ist, auf dem Balkon aufgestellt. Kompostwürmer der Gattung *Eisenia,* wie *Eisenia foetida, Eisenia andrei* und *Eisenia hortensis,* eignen sich besonders gut. Sie können im Online-Handel erworben werden.

Die Würmer werden mit organischen Resten gefüttert, die in der Küche anfallen. Außerdem mit angefeuchtetem Karton oder Papier, am besten mit einem Anteil von 20 bis 25 Prozent vom Futtervolumen. Je kleiner die einzelnen Bestandteile geschnitten werden, desto besser können sie verwertet werden. Siehe auch Seite 122.

Wichtig ist, dass die Wurmkiste immer ausreichend befeuchtet wird, dass dabei aber nicht zu viel Nässe entsteht. Wichtig ist auch, dass sie regelmäßig gelüftet wird. Die optimale Temperatur für eine Wurmkiste liegt in einem Bereich zwischen 13 und 24 Grad Celsius. Wird es zu warm oder zu kalt, gehen die Würmer ein. Die Würmer erzeugen wertvolle Ton-Humus-Komplexe als Ausscheidungsprodukt. Diese sind feinkrümelig wie Couscous und haben einen deutlich höheren Nährstoffgehalt als herkömmlicher Kompost.

Zutaten für den Speiseplan der Kompostwürmer

- Reste von Obst und Gemüse
- (Salat-)Blätter (kein Laub) und andere Pflanzenreste (kein Grasschnitt)
- Teebeutel und Teereste
- Kaffeesatz (maximal ein Drittel des täglichen Futters)
- Eierschalen
- unbedrucktes Papier und Karton (kein Hochglanz)
- Biokunststoff (wenn er sich in Heimkompostierung zersetzt, Hinweise des Herstellers beachten)

Bokashi

Bokashi bedeutet »fermentiertes organisches Allerlei« und ist eine aus Japan stammende Methode, Küchenabfälle zurück in den Stoffkreislauf zu bringen. Im Gegensatz zu anderen Kompostverfahren laufen beim Bokashi anaerobe Prozesse ab, das heißt, die Bakterien sind unter Ausschluss von Sauerstoff tätig und die Abfälle fermentieren. Ein besonderer Vorteil von Bokashi ist, dass dabei Reste verwertet werden können, die zum Teil nicht oder nur in kleinen Mengen auf den herkömmlichen Kompost gehören.

Dazu zählen: gegarte Essensreste, Zitrusfrüchte, Brot und Gebackenes, gegarte Nudeln, Reis und andere gegarte Getreide, auch Milchprodukte, Fleisch oder Fisch.

Die Reste werden gut zerkleinert und möglichst dicht in einen Bokashi-Eimer gepresst, damit der Sauerstoff entweicht. Einen solchen Eimer kann man auch selbst bauen. Diese Mischung wird mit einem Ferment besprüht, das vor allem Milchsäurebakterien enthält (beispielsweise mit Effektiven Mikroorganismen, Brottrunk oder ungesalzenem Sauerkrautsaft). Es empfiehlt sich, Steine oder andere schwere Gegenstände oben draufzulegen, damit die Verdichtung bestehen bleibt. Im Anschluss wird der Eimer luftdicht verschlossen. Nach jedem Einfüllen wird der Inhalt wiederum verdichtet.

Durch Gärung, die mindestens zwei Wochen – eher länger – dauert, entsteht eine säuerlich riechende Masse, ähnlich wie Sauerkraut. Diese wird einige Monate später zur Vererdung und Düngung in den Boden eingearbeitet. Allerdings an einer Stelle, an der (noch) keine Nutzpflanzen stehen, weil der pH-Wert am Anfang noch zu niedrig ist und die Pflanzen schädigen würde. Im Boden eingegraben, steigt er jedoch innerhalb weniger Tage an.

Die Flüssigkeit, die während der Fermentation entsteht, kann – im Verhältnis 1:200 mit Wasser verdünnt, also 5 Milliliter Sickerflüssigkeit auf einen Liter Wasser – zum Gießen verwendet werden.

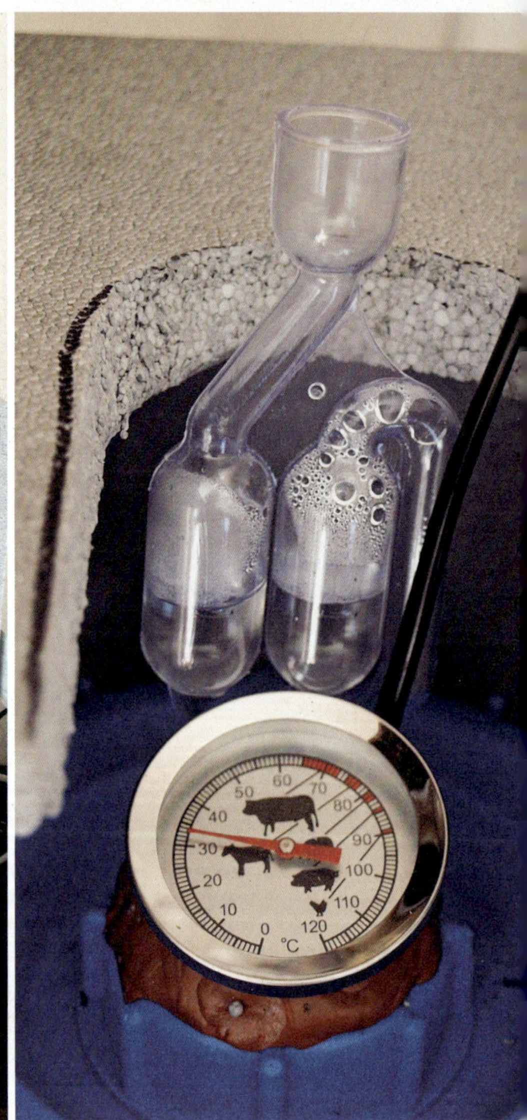

0
10
20
30
40
50
60
70
80
90
100
110
120
°C

Effektive Mikroorganismen

Effektive Mikroorganismen (EM) sollen wahre Alleskönner sein. Sie sollen den Boden fruchtbarer machen, als Kompostbeschleuniger dienen, Gerüche neutralisieren oder als Putzmittel genutzt werden können. Im Baumarkt oder Gartenfachhandel sind sie erhältlich. Einmal gekauft, lässt sich die Urlösung jedoch auch kostengünstig selbst vermehren.

Dafür wird ein Kanister mit Wasser gefüllt. Die Mikroben-Urlösung EM1 und die Melasse werden dazugegeben. Eine Aquariumsheizung hält die Wassertemperatur konstant auf 35 Grad Celsius. Die Mikroorganismen ernähren sich von der Melasse und vermehren sich binnen einer Woche um das 30-fache. Bei diesem Prozess entsteht eine braune, säuerlich riechende Flüssigkeit mit einem pH-Wert von etwa 3,4. Diese kann man mit (Regen-)Wasser im Verhältnis 1:50 im Garten verteilen.

Zubehör für die Vermehrung Effektiver Mikroorganismen

- ein Kanister, luftdicht verschließbar, etwa 10 Liter Volumen
- eine Styroporkiste zur Isolierung des Kanisters
- ein Gärröhrchen
- eine Aquariumsheizung
- ein Bratenthermometer
- 30 Milliliter der Urlösung mit den Anzuchtorganismen EM1
- 30 Milliliter Bio-Melasse

LEDER
GREGOR

Terra Preta

Vor allem nährstoffarme, sandige Böden können durch Zugabe von Pflanzenkohle-Kompost, der Terra Preta (portugiesisch für »schwarze Erde«), profitieren. Für andere Böden sind andere Methoden der Bodenpflege wie Kompostierung oder Gründüngung in der Regel ausreichend. Die Zugabe von Pflanzenkohle-Kompost ist vorteilhaft, weil Nährstoffe dadurch im Boden gehalten werden, sich Humus schneller bildet, der Boden Wasser besser hält und somit Trockenzeiten besser überstehen kann. Bodentiere lockern die Erde und im Laufe von Jahren bildet sich eine ertragreiche und tiefgründige Humusschicht.

Allgemein gibt es zwei Wege, Pflanzenkohle-Kompost selbst herzustellen: entweder ähnlich wie bei Kompostierung unter Einfluss von Sauerstoff (aerob) oder zunächst mit einer anaeroben milchsauren Fermentierung (unter Luftabschluss) und anschließender Kompostierung.

Für die zweite Methode braucht man zunächst einen Eimer, ein Fass oder ein anderes Behältnis, das sich luftdicht verschließen lässt.

Es wird eine Mischung hergestellt im Volumen-Verhältnis von etwa 10:48:2 – aus: 1. obligatorischer Pflanzenkohle (10), 2. organischen Resten und fakultativen Zutaten (48) sowie 3. obligatorischer Milchsäurebakterien-Lösung (2). Auf den Seiten 128 und 129 werden diese Zutaten genannt.

Dabei mischt man zunächst die Pflanzenkohle und die anderen Zutaten im Behälter und träufelt zum Schluss die Milchsäurebakterien über die Mischung. Das Ganze wird dann ähnlich wie Sauerkraut verdichtet und luftdicht verschlossen. Der Fermentationsprozess dauert mindestens zwei Wochen, im Winter mehrere Monate. Die Sickersäfte, die dabei entstehen, werden regelmäßig abgegossen und eignen sich (1:10 mit Wasser verdünnt) zum Düngen von Topfpflanzen oder Beeten.

Nach der Fermentierung kann das entstandene Kompostmaterial als Mulchschicht ausgebracht werden (etwas Abstand lassen zu Pflanzen). Regenwürmer und andere Bodenlebewesen helfen bei der Vererdung und Humusbildung. Dieser Prozess dauert mindestens ein halbes Jahr.

Obligatorische Zutaten für Terra Preta

- Pflanzenkohle: am besten aus Pyrolyse (bei Zukauf auf nachhaltige Produktion und Herkunft achten, wie sie das Europäische Pflanzenkohle-Zertifikat [EBC] garantiert). Holzkohle aus Produktion in Meilern ist ebenfalls verwendbar, enthält jedoch weniger Kohlenstoff und ist weniger stabil im Boden. Grillkohle eignet sich nur, wenn sie aus kontrollierter und zertifizierter Produktion stammt (Prüfzeichen DIN EN 1860-2, FSC). Pflanzenkohle ist sehr porös. Die Poren füllen sich mit Nährstoffen und Wasser und wirken im Boden wie ein Langzeitspeicher.
- Organische Reste aus Küche und Garten: wie für Kompostherstellung (siehe ab Seite 117).
- Milchsäurebakterien: Sie sind enthalten in Bokashi-Ferment(-Flüssigkeit) (siehe ab Seite 122) oder in Mischungen mit Effektiven Mikroorganismen (siehe Seite 125). Sie können aber auch mit Brottrunk oder ungesalzenem Sauerkrautsaft zugegeben werden.

Fakultative Zutaten für Terra Preta

- mineralische Zuschlagsstoffe:
  Tonmehl, wie Bentonit, Gesteinsmehl, Algenkalk
- fermentierter Urin, Brennnesseljauche
- Tierdung oder menschliche Exkremente

Mulchen

Mulchen bedeutet, den Boden mit organischem Material zu bedecken und so vor Austrocknung und Erosion zu schützen. Durch eine Mulchschicht wird sowohl das Bodenleben gefördert als auch unerwünschtes Beikraut unterdrückt. Ein weiterer Vorteil ist, dass sich die Materialien im Laufe der Zeit zersetzen und dem Boden wertvolle Nährstoffe zurückgeben. Die Mulchschicht ist durchschnittlich 5 bis 8 Zentimeter dick. Ist der Boden schwerer, sollte sie dünner sein. Das gilt auch, wenn frischer Kompost, nur wenige Monate alt, zum Mulchen verwendet wird. Während des Winters darf die Schicht dicker sein: auf sandigen, leichten Böden 10 Zentimeter, auf schweren bis 8 Zentimeter.

Mit dem Mulchen kann man unterschiedliche Ziele verfolgen. Und je nach Ziel eignen sich unterschiedliche Mulchmaterialien besonders gut.

Abdeckung und Schutz

Gut eignen sich kohlenstoffreiche Materialien:

- Laub: braucht nicht zerkleinert zu werden. Je nach Sorte hat es besondere Eigenschaften, zum Beispiel ist Eichenlaub sauer, Birkenlaub ergibt guten Kompost, Laub von Obstbäumen ist mild und gut einsetzbar, Blätter von Walnuss, Kastanie und Platane sind für Gemüsebeete ungeeignet.
- Stroh: dient als strukturierendes, auflockerndes Material, verrottet langsam, hat kaum Düngewirkung. Vorsicht bei chemischen Rückständen und Unkrautsamen, am besten Stroh aus ökologischer Landwirtschaft wählen.
- Miscanthus-Arten wie China-Schilf: ganzes Kraut oder gehäckselt.

Düngung

Gut eignen sich stickstoffreiche und frische Materialien:

- Stallmist und Dung: aus ökologischer Tierhaltung, am besten mit Stroh vermischt, da er pur zu intensiv ist.
- Grasschnitt: kann leicht verpappen, daher mit Wildkräutern (ohne Samen) mischen oder zu Heu trocknen lassen.
- Gemüseabfälle
- Beinwell: liefert viel Kalium, das im Biogarten oft Mangelware ist, weil dort ohne Kunstdünger und möglichst ohne Holzasche gearbeitet wird.
- Seetang, Algen

Andere Mulchziele

Soll der Boden sowohl geschützt als auch gedüngt und strukturell verbessert werden, eignet sich ein Gemisch aus Stickstoffhaltigem und Holzigem: Kompost in unterschiedlichen Reifegraden plus Rindenprodukte (Reststoff aus der Holzindustrie).

Zur völligen Abdeckung oder für Urbarmachung, zum Beispiel wenn Grasland in Gartenland umgewandelt werden soll, eignen sich einerseits Papier und Pappe, die sich vollständig zersetzen und ein gutes Regenwurmfutter sind. Anderseits eignen sich Folie und Vlies: Sie wärmen den Boden, verrotten aber nicht.

Kies, Steine und Lavagestein können der Bodenerwärmung dienen. Sie speichern Sonnenwärme und eignen sich gut für Pflanzen aus dem Mittelmeerraum.

Ungeeignete Mulchmaterialien

- Sägespäne, Holzhobel: enthalten zu viel Kohlenstoff, zersetzen sich nicht, verhindern Pflanzenwachstum, sind zu sauer und oft belastet mit Holzschutzmitteln, Lacken und Ähnlichem.
- Laub von Kastanie, Walnuss oder Platane: zersetzt sich nur sehr langsam und behindert Pflanzenwachstum.
- Torf: gehört ins Hochmoor!

Gründüngung

Boden soll nie nackt sein. Das würde zu Austrocknung und letztlich zu Erosion führen. Um das zu verhindern, kann man nach der Ernte eine Zwischenkultur einsäen, eine Gründüngung. Sie hat viele Vorteile und je nach Ziel gibt es entsprechende Pflanzen dafür. Diese Pflanzen können einen verdichteten Boden verbessern und einer Verschlämmung begegnen. Mit tiefen Wurzeln lockern manche Gründüngungspflanzen den Boden und machen das Umgraben überflüssig. Beikräuter werden unterdrückt. Die Blüten der Gründüngungspflanzen locken Insekten wie Bienen oder Schmetterlinge an. Gründüngungspflanzen aus der Familie der Schmetterlingsblütler, die Leguminosen, nehmen mithilfe von Knöllchenbakterien an ihren Wurzeln Luftstickstoff auf und binden ihn. In dieser Form kann dieser wichtige Nährstoff auch von nachfolgenden Pflanzenwurzeln aufgenommen und verwertet werden. Rasch wachsende Arten sichern zudem den Nährstoffgehalt des Bodens, weil ihre Grünmasse die Nährstoffe bindet, sodass sie nicht ausgewaschen werden.

Es gibt eine ganze Reihe von Gründüngungspflanzen, die unterschiedliche Eigenschaften haben. Wichtig ist, dass sie beim Gemüseanbau in die Fruchtfolge integriert werden, zumindest bei Beeten mit nur einer Pflanzenart. Das bedeutet, dass man Pflanzen aus derselben Pflanzenfamilie zeitlich nicht direkt hintereinander aussäen oder pflanzen sollte, da die nachfolgenden Pflanzen dadurch schwach werden oder ihre Resistenz gegenüber Krankheiten verlieren können. Buchweizen und Phazelia sind allerdings mit allen Gemüse-Folgepflanzen kompatibel.

Gründüngungspflanzen aus der Familie der Schmetterlingsblütler sind zum Beispiel: Lupinen, Linsen, Bohnen, Erbsen oder Klee (rot, weiß, Alexandrinerklee oder Hornschotenklee). Gründüngungspflanzen aus der Familie der Kreuzblütler sind zum Beispiel: Senf (weiß, gelb), Ölrettich, Winterraps oder Rauke.

Gründüngungspflanzen aus anderen Familien:

- Phazelia (aus der Familie der Wasserblattgewächse)
- Lein (aus der Familie der Leingewächse)
- Buchweizen (aus der Familie der Knöterichgewächse)
- Feldsalat (aus der Familie der Geißblattgewächse)
- Spinat (aus der Familie der Fuchsschwanzgewächse)
- Studentenblume / Tagetes (aus der Familie der Korbblütler)
- Dinkel (aus der Familie der Süßgräser)
- Winterroggen (aus der Familie der Süßgräser)

Die Gründüngungspflanzen werden geschnitten, bevor sie Samen bilden. Sie können als Mulchdecke liegen bleiben – auch über den Winter – oder oberflächlich in die Erde eingearbeitet werden. Ihre Wurzeln verbleiben im Boden.

Die Autorin

Astrid Rieger wuchs im ländlichen Rumänien auf. Kurz nach der Revolution 1989 kam sie mit ihrer Familie durch die Auswanderungswelle der deutschen Minderheit nach Deutschland. Sie studierte an der Hochschule für Gestaltung Offenbach sowie an der Hochschule für Bildende Künste Braunschweig. Seit ihrem Abschluss ist sie als Videokünstlerin sowie als (Drehbuch-)Autorin tätig und schneidet abendfüllende Dokumentarfilme.

Zusammen mit ihrer kleinen Familie lebt Astrid Rieger in Berlin. In ihrem Garten experimentieren sie mit Methoden des Humusaufbaus, mit Mikroorganismen, symbiotischen Pilzen und Kompostgemeinschaften. Sie empfinden sich als Teil eines Beziehungsgeflechts, das weit über das Menschliche hinausgeht, und möchten ihren Teil zur Bodenfruchtbarkeit beitragen.

Mehr Informationen:
www.astridrieger.de

Ausgewählte Informationen zum Weiterlesen

www.erdfest.org

Berger, Wolfgang (2020):
Kompost-Toiletten für Garten und Freizeit, ökobuch Verlag

Carson, Rachel (2019): **Magie des Staunens.**
Die Liebe zur Natur entdecken, Klett-Cotta Verlag

Deleuze, Gilles & Félix Guattari (1977): **Rhizom,** Merve Verlag

Egli, Simon & Ivano Brunner (2011): **Mykorrhiza.**
Eine faszinierende Lebensgemeinschaft im Wald.
Merkblatt für die Praxis: Vol. 35.
Birmensdorf: Eidg. Forschungsanstalt WSL

Fukuoka, Masanobu (2021): **Der Große Weg hat kein Tor,**
pala-verlag

Gramlich, Naomie & Annika Haas (2019):
Situiertes Schreiben mit Haraway, Cixious und Grauen Quellen,
in: Zeitschrift für Medienwissenschaft, Heft 20: Was uns angeht,
Jg. 11, Nr. 1, S. 38-52

Grober, Ulrich (2013): **Die Entdeckung der Nachhaltigkeit.**
Kulturgeschichte eines Begriffs, Verlag Antje Kunstmann

Grünefeld, Dettmer (2019): **Das Mulchbuch.**
Praxis der Bodenbedeckung im Garten, pala-verlag

Haraway, Donna J. (2018): **Unruhig bleiben.**
Die Verwandtschaft der Arten im Chthuluzän,
Campus Verlag

Klinger, Ralf (2010): **Regenwürmer – Helfer im Garten,**
pala-verlag

Kolarek, Martina (2018): **Kompostieren!**
Verlag Eugen Ulmer

Latour, Bruno (2018): **Das terrestrische Manifest,**
Suhrkamp Verlag

Latour, Bruno (2009): **Ein vorsichtiger Prometheus?**
Einige Schritte hin zu einer Philosophie des Designs,
unter besonderer Berücksichtigung von Peter Sloterdijk,
in: Hemelsoet, Koenraad, Jongen, Marc & Sjoerd van Tuinen (Hrsg.):
Vermessung des Ungeheuren. Philosophie nach Peter Sloterdijk,
Brill / Fink

Latour, Bruno (2020): **Kampf um Gaia.**
Acht Vorträge über das neue Klimaregime, Suhrkamp Verlag

Le Guin, Ursula K. (2020): **Am Anfang war der Beutel.** Warum uns Fortschritts-Utopien an den Rand des Abgrunds führen und wie Denken in Rundungen die Grundlage für gutes Leben schafft, thinkOya, Drachen Verlag

Lowenhaupt Tsing, Anna (2019): **Der Pilz am Ende der Welt.** Über das Leben in den Ruinen des Kapitalismus, Verlag Matthes & Seitz

Margulis, Lynn (2021): **Der symbiotische Planet ...** oder wie die Evolution wirklich verlief, Westend Verlag

McFall-Ngai, Margaret (2017): **Noticing Microbial Worlds.** The postmodern Synthesis in Biology, in: Lowenhaupt Tsing, Anna, Swanson, Heather Anne, Gan, Elaine & Nils Bubandt (Hrsg.): Arts of Living on a Damaged Planet. Ghosts and Monsters of the Anthropocene, University of Minnesota Press

Papadopoulos, Dimitris & María Puig de la Bellacasa (2018): **Decenter the human,** Interview auf der Architektur-Biennale 2018

Preißler-Abou El Fadil, Andrea (2021): **Gärtnern nach dem Terra-Preta-Prinzip,** pala-verlag

Puig de la Bellacasa, María (2015): **Making time for soil:** Technoscientific futurity and the pace of care, in: Social Studies of Science, Vol. 45(5), S. 665-690

Puig de la Bellacasa, María (2017): **Matters of Care.**
Speculative Ethics in More than Human Worlds,
University of Minnesota Press

Rosa, Hartmut (2019): **Resonanz.**
Eine Soziologie der Weltbeziehung,
Suhrkamp Verlag

Rosa, Hartmut, Paech, Nico et al. (2013): **Zeitwohlstand.**
Wie wir anders arbeiten, nachhaltig wirtschaften und besser leben,
Konzeptwerk Neue Ökonomie e. V. (Hrsg.), oekom verlag

Scheub, Ute & Stefan Schwarzer (2017): **Die Humusrevolution.**
Wie wir den Boden heilen, das Klima retten und die
Ernährungswende schaffen, oekom verlag

Schmelzer, Matthias & Andrea Vetter (2021):
Degrowth / Postwachstum zur Einführung, Junius Verlag

Wyatt, Sally (2007): **Making Time and Taking Time,**
in: Social Studies of Science, Vol. 37(5), S. 821-824

Boden fruchtbar machen

Natalie Faßmann:
Beinwelljauche, Knoblauchtee & Co.
ISBN: 978-3-89566-312-3

Agnes Pahler:
Das Kompostbuch
ISBN: 978-3-89566-315-4

Andrea Preißler-Abou El Fadil:
Gärtnern nach dem Terra-Preta-Prinzip
ISBN: 978-3-89566-376-5

Dettmer Grünefeld:
Das Mulchbuch
ISBN: 978-3-89566-218-8

Weitere Bücher aus dem pala-verlag

Natalie Faßmann:
In die Fall gegangen
ISBN: 978-3-89566-288-1

Sigrid Tinz:
Haufenweise Lebensräume
ISBN: 978-3-89566-389-5

Graham Bell:
Der Permakultur-Garten
ISBN: 978-3-89566-196-9

Graham Bell:
Permakultur praktisch
ISBN: 978-3-89566-197-6

ISBN: 978-3-89566-425-0

Am Molkenbrunnen 4, 64287 Darmstadt
www.pala-verlag.de

Bildnachweis:
Seiten 66, 126: Gregor Rieger
Seite 121: Pauline Lürig
Seite 136: Anna Levinson
alle anderen Fotos (auch Umschlagfotos): Astrid Rieger

Lektorat und Gestaltung: Angelika Eckstein

Druck und Bindung:
Beltz Grafische Betriebe GmbH, Bad Langensalza
www.beltz-grafische-betriebe.de
Printed in Germany